CLÉMENT & TRONCET

Animaux de France

UTILES OU NUISIBLES

VERTÉBRÉS

I0040675

JE SÈME À TOUT VENT

PARIS — LIBRAIRIE LAROUSSE.

LES

ANIMAUX DE FRANCE
UTILES OU NUISIBLES

VERTÉBRÉS

8° S
9429

LES
ANIMAUX DE FRANCE

UTILES OU NUISIBLES

PAR

A.-L. CLÉMENT et L.-J. TRONCET

VERTÉBRÉS : Mammifères, Oiseaux, Reptiles, Batraciens, Poissons. — 160 Gravures.

JE SÈME A TOUT VENT

DÉPOT LÉGAL
Seine
N° /303
1897

PARIS
LIBRAIRIE LAROUSSE
17, rue Montparnasse, 17
Succursale : rue des Écoles, 58 (Sorbonne)

Tous droits réservés

PRÉFACE

Parmi les animaux qui vivent à l'état de liberté, les uns sont pour nous des auxiliaires précieux : nous les réunissons sous la dénomination générale d'animaux utiles; les autres, au contraire, nous sont plutôt préjudiciables : nous les appelons animaux nuisibles.

Pour se faire une idée exacte de l'utilité et de la nocivité relatives des animaux, il faut étudier leurs mœurs; mais il n'est pas nécessaire, pour cela, de prendre chaque espèce en particulier; il est souvent possible, en effet, de réunir un certain nombre d'espèces voisines, de mœurs à peu près analogues et pour lesquelles on doit arriver aux mêmes conclusions.

C'est ce que nous avons fait dans cet ouvrage où nous avons passé successivement en revue le plus grand nombre des animaux qui vivent en France, en les réunissant par groupes, ou plutôt par genres, puisque nous avons suivi l'ordre établi par les classifications zoologiques.

Toutefois, cette méthode ne nous a pas fait négliger les espèces, et nous avons eu soin de donner, en tête de chaque chapitre, la liste de celles qui s'y rapportent, en indiquant, en outre, la taille moyenne de chacune. Ces indications permettent, avec les nombreuses gravures répandues dans le texte, de se faire une idée exacte des formes et des dimensions de la plupart des animaux dont nous nous sommes occupés. Nous avons donc pu ainsi nous dispenser de donner une description particulière des êtres dont l'étude fait l'objet de ce volume, description qui nous eût entraînés à des considérations scientifiques dépourvues d'intérêt en la matière, et eût nécessité des développements qui ne pouvaient trouver place ici, étant donné le peu d'étendue de notre cadre.

Mais nous ne nous sommes pas seulement proposé de réunir sur les habitudes et le régime des animaux de notre pays un ensemble de connaissances pouvant dicter la règle de conduite qu'il convient de tenir envers eux ; nous avons voulu également que cet ouvrage pût être regardé comme une faune assez complète des vertébrés de France, et c'est pourquoi nous ne nous sommes pas limités aux espèces qui peuvent présenter quelque intérêt au point de vue exclusif de l'utilité et de la nocivité. Ce petit livre fournira donc presque toujours les moyens de se renseigner sur un vertébré quelconque, et cela d'autant plus facilement que l'index alphabétique placé à la fin comporte, lorsqu'il y a lieu, les noms divers par lesquels on désigne un même animal.

Pour parvenir à notre double but, nous avons complété nos connaissances personnelles par un examen approfondi des travaux les plus importants qui traitent les mêmes questions : ceux de Brehm, Degland, A. Bouvier, H. Gadeau de Kerville, Z. Gerbe, H. de la Blanchère, Dr Émile Moreau, C. Vogt, etc.

Nous nous sommes efforcés, en outre, de rédiger cet ouvrage dans un style simple et clair, compréhensible pour tout le monde.

A.-L. CLÉMENT et L.-J. TRONCET.

LES ANIMAUX DE FRANCE

UTILES OU NUISIBLES

———— ✦✦✦ ————

VERTÉBRÉS

GÉNÉRALITÉS

Tous les êtres ont été classés en trois grandes catégories appelées règnes, qui sont : le règne minéral, le règne végétal et le règne animal. C'est de ce dernier seulement que nous nous occuperons.

Le nombre des animaux connus étant considérable, on a dû, pour en faciliter l'étude, les partager en groupes qui ont été subdivisés successivement eux-mêmes en plusieurs autres. On a obtenu ainsi : 1° les embranchements ; 2° les classes ; 3° les ordres ; 4° les familles ; 5° les genres ; 6° les espèces.

On distingue dans le règne animal deux embranchements : celui des vertébrés et celui des invertébrés. Les vertébrés seuls seront traités dans ce volume.

Les vertébrés sont caractérisés par un squelette interne formé principalement de pièces dures, articulées, appelées *vertèbres*[1],

———————————————

1. Chez certains vertébrés (lamproies, amphioxus), la colonne vertébrale est constituée par la corde dorsale cartilagineuse.

qui protègent un axe nerveux *cérébro-spinal*. Ils forment deux groupes qu'on a divisés en cinq classes :

Vertébrés à respiration pulmonaire.......	Mammifères. Oiseaux. Reptiles.
Vertébrés à respiration branchiale (*au moins dans le jeune âge*)	Batraciens. Poissons.

Nous étudierons chacune de ces classes successivement.

Cerf commun.

LES MAMMIFÈRES

Les mammifères, comme leur nom l'indique, sont caractérisés par la présence de mamelles ; leur corps est couvert de poils ; leur sang est chaud et à température sensiblement constante ; leur cœur a quatre cavités ; leur respiration est aérienne et pulmonaire ; enfin, ils sont vivipares.

Quoique nous ne voulions aucunement faire de ce livre un ouvrage scientifique, il nous est indispensable, pour procéder avec méthode à l'étude des espèces, d'adopter une classification.

Le groupement en animaux utiles et animaux nuisibles a été suivi par divers auteurs et semblerait justifié par notre titre ; nous avons, cependant, cru préférable d'adopter l'ordre des classifications zoologiques, afin de ne pas séparer des espèces qui présentent entre elles de grandes similitudes, et d'éviter l'embarras où l'on se trouve fréquemment, en présence d'animaux qui sont nuisibles dans certaines conditions, alors qu'ils peuvent être considérés comme utiles dans d'autres.

Les classifications proposées jusqu'à ce jour sont assez nombreuses ; nous nous arrêterons à la suivante, par laquelle tous les mammifères peuvent être répartis dans quinze ordres distincts :

1. Primates.	6. *Amphibies.*	11. *Jumentés.*
2. Prosimiens.	7. *Rongeurs.*	12. Édentés.
3. *Chéiroptères.*	8. Proboscidiens.	13. *Cétacés.*
4. *Insectivores.*	9. *Porcins*	14. Marsupiaux.
5. *Carnassiers.*	10. *Ruminants.*	15. Monotrèmes.

Parmi ces quinze ordres, plusieurs ne rentrent pas dans notre cadre. Ce sont : les primates et les prosimiens, qui comprennent l'homme, les singes et les makis ; les proboscidiens ou éléphants ; les édentés, les marsupiaux et les monotrèmes, renfermant des animaux qui habitent l'Asie, l'Amérique ou l'Océanie.

Nous restons donc en présence de neuf ordres que nous étudierons successivement, et que nous grouperons avec M. Bouvier[1] ainsi qu'il suit :

TERRESTRES ....
1. Chéiroptères.
2. Carnivores.
3. Insectivores.
4. Rongeurs.
5. Jumentés.
6. Ruminants.
7. Porcins.

MARINS....................
8. Amphibies.
9. Cétacés.

I. — CHÉIROPTÈRES.

Les chéiroptères ou chauves-souris sont caractérisés par le grand développement des doigts des membres supérieurs, réunis par une membrane aliforme s'étendant aux parties latérales du corps, aux membres inférieurs et à la queue. Grâce à cette conformation, ces mammifères ont la faculté de voler.

Les chéiroptères sont crépusculaires ou nocturnes ; leur dentition est complète, c'est-à-dire qu'ils possèdent trois sortes de dents : incisives, canines et molaires. Ils se nourrissent d'insectes happés au vol.

Nos espèces françaises, au nombre de vingt-cinq, peuvent être réparties en trois familles comprenant sept genres :

Rhinolophidés

	Longueur d'envergure[2].
RHINOLOPHE.... Rhinolophe grand fer-à-cheval (*Rhinolophus ferrum equinum*)......................	0 m. 40
Rhinolophe petit fer-à-cheval (*Rhinolophus hipposideros*)...........................	0 m. 25
Rhinolophe de Blasius (*Rhinolophus Blasii*).	0 m. 27
Rhinolophe Euryale (*Rhinolophus Euryale*).	0 m. 27

1. BOUVIER. *Les Mammifères de la France* (Georges Carré, éditeur).
2. Les dimensions que nous mentionnerons dans cet ouvrage, relativement aux animaux, ne doivent pas être considérées comme absolues ; ce sont des longueurs moyennes et qui peuvent parfois varier entre d'assez grandes limites.

Vespertilionidés

		Longueur d'envergure.
OREILLARD.....	Oreillard vulgaire (*Plecotus auritus*).......	0 m. 23
BARBASTELLE ..	Barbastelle commune (*Synotus barbastellus*).	0 m. 27
MINIOPTÈRE....	Mioptère de Schreibers (*Miniopterus Schreibersii*)	0 m. 29
VESPÉRIEN	Vespérien sérotine (*Vesperugo serotinus*)...	0 m. 38
	Vespérien boréal (*Vesperugo borealis*)	0 m. 25
	Vespérien discolore (*Vesperugo discolor*)...	0 m. 27
	Vespérien noctule (*Vesperugo noctula*).....	0 m. 36
	Vespérien de Leisler (*Vesperugo Leisleri*) ..	0 m. 26
	Vespérien maure (*Vesperugo maurus*)......	0 m. 22
	Vespérien pipistrelle (*Vesperugo pipistrellus*)...............................	0 m. 18
	Vespérien abrame (*Vesperugo abramus*)....	0 m. 24
	Vespérien de Kuhl (*Vesperugo Kuhlii*)	0 m. 22
VESPERTILION ..	Vespertilion des marais (*Vespertilio dasycneme*)................................	0 m. 28
	Vespertilion de Capaccini (*Vespertilio Capaccini*)...............................	0 m. 24
	Vespertilion de Daubenton (*Vespertilio Daubentonii*).............................	0 m. 24
	Vespertilion échancré (*Vespertilio emarginatus*)...............................	0 m. 24
	Vespertilion à moustaches (*Vespertilio mystacinus*)	0 m. 22
	Vespertilion de Natterer (*Vespertilio Nattereri*).................................	0 m. 25
	Vespertilion de Bechstein (*Vespertilio Bechsteinii*)...............................	0 m. 26
	Vespertilion murin (*Vespertilio murinus*)...	0 m. 36

Emballonuridés

NYCTINOME	Nyctinome de Cestoni (*Nyctinomus Cestonii*).	0 m. 37

Toutes nos espèces de **chauves-souris** passent l'hiver engourdies dans les creux des arbres ou des vieux murs, suspendues la tête en bas et le corps entouré de leurs membranes alaires ; c'est dans la même position qu'elles se placent pour dormir et se reposer. Certaines espèces, comme les rhinolophes, se plaisent dans les grottes, les ruines, les souterrains ; d'autres, comme l'oreillard (ainsi nommé à cause du développement de ses oreilles), fréquentent les lieux isolés, les jardins, mais se retirent pour hiverner dans les souterrains et les grottes ; quelques-unes, telles que le vespérien sérotine, le vespérien noctule, préfèrent les forêts et les champs ; plusieurs espèces, parmi lesquelles nous citerons

Rhinolophe grand fer-à-cheval.

le vespérien pipistrelle, le vespertilion murin, habitent surtout les villes, où elles se réfugient dans les creux des murs, sous les toits des greniers et les combles des grands édifices ; d'autres enfin, comme le vespertilion à moustaches, recherchent le bord des eaux.

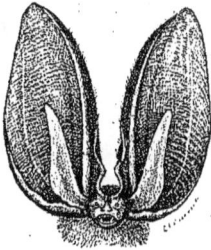

Bien que certaines espèces soient relativement peu répandues, on trouve des chauves-souris dans toutes les parties de la France. Leur aspect disgracieux, leurs sorties nocturnes, l'ignorance où l'on est resté dans certaines campagnes au sujet de leurs mœurs, ont donné lieu à des croyances absurdes, dans lesquelles on attribue à ces petits animaux toutes sortes de pouvoirs malfaisants.

Oreillard vulgaire.

Les chauves-souris, cependant, sont bien loin de mériter la triste réputation qu'on leur a faite.

Lorsque le temps est calme, elles sortent à la tombée de la nuit, et consomment en volant quantité d'insectes et de papillons nocturnes, ennemis acharnés du cultivateur ; de plus, leurs excréments, accumulés dans certaines grottes où elles se réfugient en grand nombre, constituent un excellent guano qu'on peut recueillir avec profit.

Les chauves-souris sont donc des animaux essentiellement utiles, et l'on ne saurait trop réagir contre les superstitions

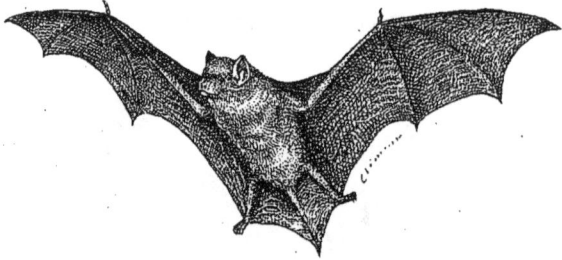

Vespérien pipistrelle.

barbares et ridicules en vertu desquelles elles sont parfois brûlées vives ou clouées aux portes.

Vespérien noctule.

Quelques espèces supportent assez bien la captivité, lorsqu'on les nourrit de viande crue hachée et de vers de farine.

II. — CARNIVORES.

Les carnivores, comme l'indique leur nom, se nourrissent de chair. Ils ont trois sortes de dents; leurs canines sont très développées. Les uns, comme les chats, marchent sur l'extrémité des doigts et sont dits *digitigrades ;* les autres, comme l'ours, marchent sur la plante des pieds et sont dits *plantigrades.*

Certains ont les ongles *rétractiles,* c'est-à-dire susceptibles de se retirer, de rentrer en dedans.

On peut grouper nos dix-huit espèces françaises en cinq familles, comprenant huit genres :

Canidés

		Longueur de corps.	Longueur de queue.
CHIEN......	{ Chien domestique (*Canis familiaris*).		
	Loup (*Canis lupus*).................	1m.15	0m.50
	Renard (*Canis vulpes*)..............	0m.75	0m.40

Félidés

CHAT.......	{ Chat domestique (*Felis domesticus*).		
	Chat sauvage (*Felis catus*)	0m.70	0m.32
	Lynx (*Felis lynx*)...................	1m.	0m.20

Viverridés

GENETTE....	Genette (*Genetta vulgaris*)	0m.45	0m.40

Mustélidés

MARTE.....	{ Marte (*Martes abietum*)	0m.45	0m.28
	Fouine (*Martes foina*)	0m.45	0m.30
	{ Belette (*Mustela vulgaris*)...........	0m.18	0m.06
	Hermine (*Mustela erminea*)	0m.28	0m.12
BELETTE....	Putois (*Mustela putorius*)	0m.40	0m.20
	Furet domestique (*Mustela furo*).		
	Vison (*Mustela vison*)...............	0m.40	0m.18
LOUTRE.....	Loutre (*Lutra vulgaris*).............	0m.85	0m.45

		Longueur de corps.	Longueur de queue.
BLAIREAU...	Blaireau (*Meles europæus*)	0m.80	0m.18

Ursidés

OURS....... {	Ours brun (*Ursus arctos*).............	1m.60	0m.16
{	Ours des Pyrénées (*Ursus pyrenaicus*).	1m.60	0m.16

Nous ne dirons rien du principal représentant du genre chien, le **chien domestique**, qui se trouve traité dans l'un des ouvrages de la collection[1].

Le **loup** et le **renard** sont suffisamment connus par les nombreux méfaits dont ils se rendent coupables, le premier dans nos bergeries, le second dans nos poulaillers. Dans les bois, ils se

Loup pris au piège

nourrissent de gibiers de toutes sortes ; ils sont susceptibles de prendre la rage et de la communiquer par leurs morsures ; ce sont donc des animaux très nuisibles.

Pour encourager la destruction du loup, l'État alloue une prime de 12 francs pour un loup tué, une prime de 18 francs pour une louve pleine, de 15 francs pour une louve non pleine, et de 6 francs pour un louveteau (nom que porte le jeune loup jusqu'à l'âge d'un an, pour prendre ensuite celui de louvard jusqu'à deux ans). D'autre part, un lieutenant de louveterie est nommé

---

1. *Le Bétail*, par L.-J. TRONCET et E. TAINTURIER (même librairie).

par le préfet et chargé d'organiser les battues quand la présence
d'un loup a été signalée. C'est un vestige de l'ancienne corporation
des louvetiers de France qui eut autrefois une grande impor-
tance.

On détruit les loups au moyen de pièges amorcés avec de la
viande gâtée, ou en disséminant, dans les endroits qu'ils fréquentent, des cadavres de petits animaux préalablement empoisonnés avec de la strychnine ou de la noix vomique; l'effet
du poison est immé-
diat. Quelquefois on
creuse sur le passage
des loups une fosse
d'environ 3 mètres de
profondeur qu'on re-
couvre de branches
flexibles; au milieu de
cette fosse on attache à
un pieu le cadavre
d'un animal, et l'on
entoure le tout d'une
barrière d'environ
1 mètre de hauteur. Le
loup, voulant dévorer
la proie, franchit l'obs-
tacle d'un bond; les
branches cèdent sous son poids, de sorte qu'il tombe au fond de
la fosse.

Renard.

On détruit surtout le renard au moyen de pièges, d'appâts
empoisonnés et de trappes. On peut encore, lorsqu'on le découvre,
le faire traquer par des chiens, ce qui l'oblige à se réfugier dans
son terrier dont on bouche toutes les sorties sauf une; il est alors
facile de l'asphyxier en l'enfumant.

Nous ne nous étendrons pas plus sur le **chat domestique** que
sur le chien; les services qu'il nous rend comme destructeur de
souris, mulots, etc., sont connus; sa chair possède des qualités
culinaires qui le font parfois substituer au lapin. Il est cependant
à remarquer qu'il peut être très nuisible dans les parcs et les jardins en détruisant les jeunes couvées.

Le **chat sauvage**, qui se distingue du chat domestique par son pelage rayé de fauve, de noir et de gris, et le **lynx** ou **loup-cervier,** aujourd'hui assez rare en France, détruisent dans les bois le gibier et les jeunes couvées : on doit donc les chasser impitoyablement. Bien que le premier nous débarrasse parfois de petits animaux malfaisants, tels que fouines, belettes, mulots, les services qu'il nous rend sont loin de compenser ses ravages.

Lynx.

La **genette**, la **marte**, la fouine, se nourrissent parfois de petits rongeurs et de reptiles, mais elles vivent surtout de gibier et se rendent ainsi plus nuisibles qu'utiles. La plus à craindre pour le cultivateur est

Genette.

la fouine, qui se réfugie l'hiver dans les granges et les greniers et commet dans la basse-cour des dégâts souvent considérables. On s'en débarrasse au moyen de pièges qu'on amorce avec des poires cuites dont elle est particulièrement friande.

La **belette**, l'**hermine** et le **putois** ont des mœurs à peu près analogues. Ils détruisent un grand nombre de petits rongeurs; mais, par contre, ils se nourrissent aussi de gibier, d'oiseaux, et ravagent les nids pour se procurer des œufs. La belette, grâce à sa petite taille, peut s'introduire aisément dans les poulaillers où elle saigne les poussins; l'hermine est friande de poissons, d'écre-

visses, de grenouilles, qu'elle sait fort bien attraper sur le bord
des cours d'eau ; le putois pille volontiers les ruches.

Marte.

Le **furet**, originaire de
l'Afrique, ne vit chez nous
qu'à l'état domestique, car,
en liberté, il ne pourrait
supporter les froids de notre climat. On l'élève spé-
cialement pour la chasse
aux lapins, mais on ne le
laisse pénétrer dans les terriers que muselé, sans quoi
il pourrait saigner les lapins
sur place et s'endormir dans le terrier après s'être repu. Bien
dressé il vaut une trentaine de francs.

Fouine.

Belette.

Quoique le **vison** appartienne au genre belette, ses mœurs
sont un peu différentes de celles des animaux que nous venons
d'étudier. Ses pieds sont palmés, ce qui lui permet de nager avec
facilité. C'est à la nage qu'il poursuit sa nourriture composée de
poissons, d'écrevisses et même de mollusques; mais, comme il
est assez rare en France, ses dégâts sont relativement minimes.

Le genre **loutre** est représenté chez nous par une seule espèce :
la loutre vulgaire. Cet animal a, comme le vison, les pieds palmés ;
il habite un terrier qui s'ouvre sous l'eau. Comme il se nourrit
exclusivement de poissons et qu'il dépeuple en peu de temps des

pièces d'eau d'une certaine étendue, il est à bon droit considéré comme nuisible. Certains peuples cependant, et principalement les Chinois, dressent la loutre pour la pêche, ce dont elle s'acquitte fort bien.

Le **blaireau** habite les forêts où il se creuse des terriers; il est omnivore. Il détruit un grand nombre de petits rongeurs, de reptiles (surtout des vipères dont la morsure est sur lui sans effet), d'insectes, de larves, etc.; mais il s'attaque aussi aux couvées, ravage les récoltes, et se montre particulièrement friand de miel. La chair du blaireau est assez estimée; elle est très délicate en automne, alors que l'animal est

Putois.

gras. Le blaireau doit être respecté dans les régions où les petits rongeurs et les vipères sont abondants; il faut le détruire, au contraire, partout où sa présence est préjudiciable.

Nous ne ferons que mentionner l'**ours brun des Alpes** et l'**ours des Pyrénées**, car ils sont devenus fort rares. Ils sont omnivores; leur chair est comestible. On en a rencontré en France qui, debout sur leurs pattes de derrière, attei-

Loutre.

gnaient 2 mètres de haut et pesaient jusqu'à 250 kilogrammes.

En résumé, tous les carnivores sauvages que nous venons d'examiner sont presque toujours plus nuisibles qu'utiles, aussi aura-t-on souvent avantage à les détruire et à se passer de leur intermédiaire en se débarrassant au moyen de pièges, des rongeurs dont ils se nourrissent parfois. Au reste, le profit qu'on peut

retirer de leur pelage, et quelquefois de leur chair, mérite d'être
pris en considération. Ainsi, la peau du loup vaut de 10 à
12 francs, celle du renard de 5 à 6 francs ; celle du chat sauvage
se vend jusqu'à 6 francs ; on l'emploie contre les douleurs ; la
fourrure de la genette et celle de la marte peuvent avoir une
valeur de 18 francs ; le pelage d'été de l'hermine, d'un brun rouge,

Ours brun.

s'utilise en fourrure ; son pelage d'hiver, d'un blanc pur avec une
tache noire à l'extrémité de la queue, est très recherché pour
garnir les robes dans le clergé et la magistrature et atteint parfois un prix assez élevé ; la peau du putois vaut environ 5 francs,
bien qu'il soit difficile de lui faire perdre l'odeur infecte que
répand l'animal ; celle du vison est très estimée ainsi que celle de
la loutre qui peut être vendue jusqu'à 25 francs ; la fourrure du
blaireau reçoit divers emplois et les poils en sont utilisés, de
même que ceux de la marte, pour la fabrication des pinceaux ;
enfin la peau de l'ours peut atteindre une assez grande valeur,
surtout si l'animal a été tué en hiver, époque à laquelle sa fourrure est généralement épaisse et solide.

III. — INSECTIVORES.

Les insectivores ont, comme les carnassiers, une dentition complète, mais leurs canines sont petites et leurs molaires garnies de pointes. Ils sont plantigrades.

Les insectivores, comme le dit leur nom, se nourrissent principalement d'insectes, aussi les rencontre-t-on dans les bois, les plaines, les montagnes, et jusque dans les habitations. On en trouve en France onze espèces; elles ont été classées en trois familles comprenant quatre genres :

Erinacidés

		Longueur de corps.	Longueur de queue.
HÉRISSON...	Hérisson commun (*Erinaceus europæus*).	0m.35	0m.03

Talpidés

TAUPE......	Taupe commune (*Talpa europæa*)	0m.15	0m.01
	Taupe aveugle (*Talpa cæca*)..........	0m.14	0m.01

Soricidés

DESMAN....	Desman des Pyrénées (*Mygale pyrenaica*).........................	0m.12	0m.12
MUSARAIGNE	Musaraigne d'eau (*Sorex fodiens*).....	0m.10	0m.07
	Musaraigne vulgaire (*Sorex vulgaris*)..	0m.07	0m.04
	Musaraigne des Alpes (*Sorex alpinus*).	0m.07	0m.07
	Musaraigne pygmée (*Sorex pygmæus*).	0m.05	0m.04
	Musaraigne aranivore (*Crocidura aranea*)...............................	0m.06	0m.04
	Musaraigne leucode (*Crocidura leucodon*).............................	0m.07	0m.03
	Musaraigne étrusque (*Crocidura etrusca*)	0m.035	0m.025

Le **hérisson** se tient caché le jour dans les trous de murs, les tas de pierres, les creux d'arbres, les buissons et les broussailles. Il en sort le soir pour chercher les insectes, vers, limaces, dont il se nourrit ainsi que de petits rongeurs, de lézards, de couleuvres et de vipères ; la morsure de ces dernières est sans action sur lui.

Dans les jardins il mange bien quelques fruits, mais il rend malgré cela de réels services, ainsi que dans les caves, les celliers où il détruit rongeurs et insectes.

Hérisson commun.

Lorsqu'il se croit en danger, il s'enroule sur lui-même de manière à former une boule hérissée de piquants. Les renards et les chiens savent fort bien le forcer à se dérouler en l'arrosant d'urine.

La chair du hérisson est comestible et sa peau peut être employée à faire des cardes. C'est un animal qu'il faut protéger.

Les **taupes** se nourrissent de larves, limaces, vers blancs, courtilières, lombrics et aussi de petits rongeurs et de reptiles. Elles ne deviennent nuisibles que lorsque, par leur trop grande abondance, elles portent préjudice aux cultures en brisant les racines sur le parcours de leurs nombreuses galeries.

Lorsqu'on juge utile de détruire la taupe, il faut profiter du moment où elle travaille, ce qui arrive régulièrement quatre fois par jour : à six heures du matin, à midi, à quatre heures et à six heures du soir. Pendant qu'elle est occupée à réparer la galerie qu'on a préalablement défoncée avec le pied, on la guette et on l'enlève d'un coup de bêche.

On trouve dans le commerce des pièges à taupes qu'on place dans les galeries et qui permettent de se débarrasser aisément de ces animaux.

Le **desman des Pyrénées** est peu répandu en France. Il est facilement reconnaissable à son museau en forme de trompe, à sa queue aplatie ainsi qu'à ses pieds de derrière palmés qui le rendent très habile à la nage. Il se nourrit d'insectes, de grenouilles et de petits poissons. Il se retire pendant le jour dans un terrier qui s'ouvre sous l'eau.

Les **musaraignes** sont des animaux de petite taille ressemblant assez aux souris, mais qui s'en distinguent à première vue par leur museau prolongé en une sorte de trompe. Chez certaines espèces, les pointes des dents sont de couleur rouge ; chez d'autres, les dents sont entièrement blanches ; les unes recherchent les endroits humides, les autres préfèrent les lieux secs et se retirent souvent en hiver dans les granges et les greniers.

Les musaraignes consomment des quantités considérables d'insectes, de limaces, de petits mollusques ; elles s'attaquent aussi aux souris, aux campagnols et aux mulots, mais elles se rendent parfois nuisibles dans le voisinage des ruchers en dévorant les abeilles dont elles ne redoutent aucunement la piqûre. Quoi qu'il en soit, les musaraignes nous rendent de grands services tant aux champs que dans les habitations, aussi doit-on les

Musaraigne d'eau.

protéger, sauf cependant la musaraigne d'eau qui détruit des écrevisses, des grenouilles, de petits poissons, et parfois même des oiseaux.

IV. — RONGEURS.

La dentition des rongeurs est incomplète : ces animaux sont dépourvus de canines ; à la place de celles-ci est un espace vide appelé *barre*. Les incisives, longues et tranchantes, poussent au fur et à mesure qu'elles s'usent ; il n'y en a que deux à chaque mâchoire, sauf chez le lièvre et le lapin où l'on en trouve quatre à la mâchoire supérieure. Le nombre total des dents varie de seize à vingt-deux suivant les familles.

Les rongeurs sont ainsi appelés parce que c'est en rongeant qu'ils prennent leur nourriture. Ces animaux ont généralement les pattes de derrière plus longues que celles de devant, aussi est-ce surtout par bonds successifs qu'ils se déplacent ; leur course peut même atteindre une grande rapidité. Certains rongeurs, comme l'écureuil, les loirs, sont des grimpeurs émérites.

La France possède trente et une espèces de rongeurs qu'on répartit en neuf familles formant dix genres. Toutes se nourrissent de graines, de fruits, de racines, de plantes vertes, et sont par conséquent nuisibles à l'agriculture.

Cricétidés

		Longueur de corps.	Longueur de queue.
HAMSTER...	Hamster commun (*Cricetus vulgaris*)..	0m.30	0m.03

Arvicolidés

CAMPAGNOL.	Campagnol roussâtre (*Arvicola glareolus*)	0m.10	0m.05
	Campagnol de Nager (*Arvicola Nageri*).	0m.19	0m.07
	Campagnol amphibie (*Arvicola amphibius*)...............................	0m.22	0m.12
	Campagnol de Musignan (*Arvicola Musignanii*).............................	0m.20	0m.10
	Campagnol terrestre (*Arvicola terrestris*)................................	0m.14	0m.07
	Campagnol des neiges (*Arvicola nivalis*).	0m.11	0m.07
	Campagnol des champs (*Arvicola arvalis*)	0m.11	0m.04
	Campagnol agreste (*Arvicola agrestis*)..	0m.12	0m.04
	Campagnol souterrain (*Arvicola subterraneus*)............................	0m.10	0m.03
	Campagnol de Savi (*Arvicola Savii*)....	0m.09	0m.03

Muridés

RAT........	Rat surmulot (*Rattus decumanus*)......	0m.28	0m.18
	Rat d'Alexandrie (*Rattus Alexandrinus*).	0m.20	0m.23
	Rat noir (*Rattus rattus*)	0m.22	0m.22
SOURIS.....	Souris commune (*Mus musculus*)	0m.09	0m.09
	Souris des jardins (*Mus hortulanus*) ...	0m.09	0m.08
	Souris des bois ou mulot (*Mus sylvaticus*)........................	0m.13	0m.11
	Souris rousse ou des champs (*Mus agrarius*)	0m.10	0m.08
	Souris naine ou des moissons (*Mus minutus*)...........................	0m.06	0m.06

Myoxidés

LOIR........	Loir commun (*Myoxus glis*)...........	0m.16	0m.15
	Loir lérot (*Myoxus quercinus*)	0m.12	0m.12
	Loir muscardin (*Myoxus avellanarius*)..	0m.07	0m.08

Sciuridés

ÉCUREUIL...	Écureuil commun (*Sciurus vulgaris*) ...	0m.22	0m.24

Arctomydés

		Longueur de corps.	Longueur de queue.
MARMOTTE..	Marmotte vulgaire (*Arctomys marmotta*)	0m.55	0m.19

Castoridés

CASTOR.....	Castor commun (*Castor gallicus*)	0m.90	0m.35

Caviidés

COBAYE.....	Cochon d'Inde (*Cavia porcellus*).

Léporidés

		Longueur de corps.	Longueur de queue.
LIÈVRE.....	Lièvre commun (*Lepus timidus*)........	0m.55	0m.11
	Lièvre méditerranéen (*Lepus mediterraneus*)....	0m.55	0m.11
	Lièvre blanc (*Lepus variabilis*)	0m.55	0m.06
	Lapin de garenne (*Lepus cuniculus*) ...	0m.35	0m.08
	Lapin domestique (*Lepus domesticus*).		

Le **hamster commun** se creuse de vastes terriers dans lesquels il entasse des provisions de graines qu'il y transporte au moyen de ses abajoues. Il se nourrit, en outre, de petits mammifères, d'œufs, d'oiseaux, et commet des dégâts très appréciables dans les endroits qu'il fréquente. On le trouve principalement en Alsace; on le détruit au moyen de piè- ges. La fourrure du hamster est assez recherchée; sa chair est comestible, bien qu'on ne s'en nourrisse qu'exceptionnellement.

Hamster commun.

De tous les mammifères, les **campagnols** sont les plus nuisibles pour le cultivateur; c'est par centaines de millions de francs qu'on peut chiffrer les dommages qu'ils causent en France chaque année. Certaines espèces creusent des terriers qu'elles approvisionnent de grains de toute sorte; elles coupent pour cela les tiges du blé, de l'avoine et autres céréales et enlèvent au moment des semences

les graines qui sont répandues sur le sol. Les campagnols se nourrissent aussi de légumes, de racines, de bulbes, de tubercules et
rongent même, en hiver, l'écorce des arbustes.

Le campagnol des champs est le plus répandu et, par conséquent, celui qui fait le plus de ravages; le campagnol amphibie
ou rat d'eau vit non seulement de racines et de légumes, mais
mange aussi des grenouilles, du frai de poisson et des œufs d'oiseaux aquatiques.

Comme on le voit, il est de toute nécessité de se débarrasser de
ces animaux dévastateurs, car bien qu'un certain
nombre de carnivores et d'oiseaux de proie soient
leurs ennemis acharnés, bien que les inondations,
les famines et les hivers rigoureux en fassent périr
un grand nombre, il en reste cependant des quantités considérables qui s'attaquent aux cultures.

On peut détruire les campagnols en creusant des
trous à parois verticales dans lesquels ils tombent
et où on les tue, ou bien encore en enfonçant au
niveau du sol de grands pots à fleurs à demi rem-
plis d'eau; les labours pratiqués immédiatement
après la récolte sont également très efficaces lorsque le laboureur
se fait suivre de porcs ou de chiens qui tuent les campagnols
ramenés à la surface du sol; mentionnons enfin les appâts empoisonnés qui donnent souvent de bons résultats, mais sont cependant peu recommandables à cause des dangers qu'ils présentent.

Campagnol
des champs.

La chair du campagnol amphibie ou rat d'eau est considérée
comme maigre par l'Église, ce qui est dire qu'elle est comestible;
la chair des autres espèces est également bonne à manger, bien
que beaucoup de personnes éprouvent de la répugnance pour cet
aliment.

Les rats, ces hôtes incommodes de nos demeures, ne sont que
trop connus par la dîme qu'ils prélèvent sur nos provisions. Rongeurs par leur constitution physique, ils sont devenus omnivores
et la chair est l'aliment qu'ils préfèrent à tout autre. Le surmulot,
le plus gros de tous, se nourrit souvent de jeunes oiseaux qu'il
prend jusque dans les basses-cours; il attaque aussi le rat
d'Alexandrie ou rat des toits et le rat noir, plus faibles que lui,

et dévore fréquemment des individus de sa propre espèce lorsqu'il est poussé par la faim. Le rat d'Alexandrie et le rat noir
tendent à disparaître depuis que le surmulot a fait son apparition
dans la plupart des localités.

On se sert, pour se débarrasser des rats, de pièges amorcés

Rat surmulot.

avec du lard et de poison appelé vulgairement mort-aux-rats; mais
nos plus utiles auxiliaires pour la destruction de ces animaux sont
les chats et certaines races de chiens.

Les **souris** ressemblent beaucoup aux rats par leur conformation et leurs habitudes : cuir, pain,
lard, viande, chandelle, grains, linge, pa-
pier, elles dévorent tout et déchirent tout;
certaines espèces fréquentent les habitations, d'autres préfèrent les champs et les
jardins. La souris des champs ou rat des
moissons se construit un nid entre les tiges
du blé qu'elle réunit ensemble.

Souris commune prise
au piège.

On peut employer, pour détruire les souris, les moyens que nous avons indiqués
pour les rats. M. Bouvier mentionne un
mélange de plâtre et de farine qui, en se solidifiant dans l'estomac,
étouffe l'animal qui l'a absorbé; les fragments d'éponge frite sont
souvent assez efficaces. Contre la souris des bois ou mulot, on
emploie généralement des graines qu'on a fait tremper dans une

décoction de racine de bryone et qu'on répand autour de ses terriers.

Les **loirs** sont des animaux hibernants, c'est-à-dire qu'ils pas-

Souris des bois ou mulot.

sent l'hiver dans un état d'engourdissement complet; leur nourriture se compose principalement de fruits, aussi sont-ils très nuisibles dans le voisinage des vergers et des jardins fruitiers. La fourrure des loirs est rarement utilisée, mais leur chair est d'une saveur assez agréable et l'on s'en nourrit dans certaines régions. Les loirs se construisent un nid soit dans les fissures des murs, comme le loir commun, soit à la bifurcation des branches, comme le loir muscardin. Le meilleur moyen de les détruire consiste à placer dans les lieux qu'ils fréquentent des nids artificiels qu'on tapisse de foin ou de mousse et dans lesquels ils se retireront pour passer l'hiver; on pourra donc ainsi s'en débarrasser aisément; les pièges qu'on tend à côté des

Loir commun.

fruits sont encore fréquemment employés.

L'écureuil vit par couples dans les arbres où il se construit un nid de mousse et de petites branches. Il amasse dans les trous d'arbre d'abondantes provisions de glands, de faînes; il est friand d'œufs et ronge souvent aussi les bourgeons, et de préférence ceux des conifères. L'écureuil habite les grands bois, mais on le trouve surtout dans les forêts de conifères ; sa chair est comestible, sa peau s'emploie en fourrure ; les poils de sa queue servent à faire des pinceaux qu'on vend sous le nom de *blaireaux*.

La **marmotte** habite les régions élevées des Alpes et des Pyrénées, dans le voisinage des glaciers ; elle se nourrit d'herbes et de racines et n'est aucunement nuisible. Elle vit en petites troupes et se creuse des terriers dans lesquels elle s'engourdit l'hiver. Sa chair est comestible, sa graisse sert aux mêmes usages que le beurre ; sa peau est utilisée en fourrure. Prise jeune, la marmotte s'apprivoise facilement.

Marmotte vulgaire.

Le **castor** est caractérisé par ses pieds postérieurs qui sont palmés et sa queue large, plate, couverte d'écailles. Il est devenu très rare en France où il constituait un excellent gibier, car sa chair, reconnue maigre par l'Église, était autrefois très estimée. Sa peau, recherchée pour sa fourrure, vaut une cinquantaine de francs ; on en enlève les poils les plus gros et les plus longs pour faire du feutre ; elle gagne ainsi en douceur et en valeur. Les deux glandes placées à la base de la queue secrètent une matière odorante, le castoreum,

Castors communs.

employée en médecine comme calmant du système nerveux. Cet animal s'apprivoise facilement.

Le **cobaye** ou cochon d'Inde, originaire de l'Amérique, ne vit chez nous qu'à l'état domestique ; on l'élève principalement pour la cuisine, mais il est aussi utilisé dans les laboratoires pour les expériences physiologiques, à cause de sa douceur et de la facilité qu'on a de s'en procurer facilement un grand nombre sans grande dépense. On recommande, pour le tuer, de le plonger brusquement dans l'eau bouillante; il tombe immédiatement en syncope et souffre peu, pourvu que l'immersion soit complète. Sa peau s'emploie dans la ganterie et la cordonnerie.

Les **lièvres** et les **lapins de garenne** sont des animaux très nuisibles dans les bois et les cultures qui les environnent; ils se nourrissent d'une foule de plantes et rongent même l'hiver l'écorce des arbres. La femelle du lièvre porte le nom de *hase* et les jeunes celui de *levrault*. Le lièvre vit solitaire et ne creuse pas de terrier; le lapin de garenne, au

Lièvre commun.

contraire, se creuse des terriers où il se retire et dans lesquels la femelle met bas. La chair de ces deux animaux est des plus estimées; lorsque le lapin de garenne s'est réfugié dans son terrier on peut l'en déloger en l'y faisant poursuivre par un furet.

La peau du lièvre et celle du lapin de garenne sont utilisées en fourrure et se vendent, la première 0 fr. 60, et la seconde, 0 fr. 40 environ; le pelage du lièvre blanc, qui n'est blanc qu'en hiver, est à

Lapin de garenne.

cette époque très recherché. Le poil des lièvres et des lapins sert à la fabrication du feutre pour chapellerie et vaut environ 35 francs le kilogramme; la peau dépourvue de ses poils et coupée en fines lanières (vermicelle de peau) est employée dans la fabrication de la colle de peau.

Le **lapin domestique** ne rentre pas, à proprement parler, dans le cadre de cet ouvrage. Sa chair fournit à l'alimentation publique une ressource considérable; sa peau, travaillée habilement, sert à imiter une foule d'autres fourrures.

V. — JUMENTÉS.

Les jumentés n'ont à chaque pied qu'un seul doigt et, par conséquent, qu'un seul sabot. Ils possèdent trois sortes de dents; les canines sont séparées des molaires par un espace vide appelé barre.

Les espèces qu'on trouve en France sont au nombre de deux; elles forment une famille et un genre.

Equidés

CHEVAL....... { Cheval domestique (*Equus caballus*).
             { Ane domestique (*Equus asinus*).

Ces animaux ne vivent chez nous qu'à l'état de domesticité, aussi ne dirons-nous rien de leurs mœurs ni de leur régime.

En outre de leur travail, le **cheval** et l'**âne** nous fournissent leur chair qui est aujourd'hui d'une consommation courante; marinée, elle est souvent servie comme viande de chevreuil; on fait parfois passer leur foie pour du foie de veau.

Quand on fond la graisse brute de ces animaux, on obtient deux produits : l'huile qui monte à la surface et la graisse qui reste au fond et se fige en refroidissant; la première peut remplacer l'huile d'olive dans tous ses usages, la seconde donne un bonne friture.

Le lait de jument fermenté forme une liqueur très estimée des Kalmouks et des Kirghiz; le lait d'ânesse a, paraît-il, une action très efficace dans le traitement des maladies de poitrine. La peau de l'âne sert à faire du parchemin; sa chair crue entre dans la préparation du saucisson de Lyon.

Le croisement de l'âne et de la jument a donné naissance à un

hybride, le **mulet,** qui a les formes de l'âne et la taille du cheval;
le croisement du cheval et de l'ânesse a produit le **bardeau,** dont
les formes se rapprochent plus de celles du cheval, mais dont la
taille dépasse rarement celle de l'âne.

VI. — RUMINANTS.

Les ruminants sont caractérisés par une organisation spéciale
de l'estomac, formé de quatre poches distinctes. La première,
appelée *panse*, reçoit les aliments une première fois broyés. Lorsqu'elle en est remplie, l'animal, au repos, les fait revenir dans sa
bouche, les broie à nouveau, puis les avale; ils passent alors dans
les autres cavités stomacales : le *bonnet*, la *feuillette* et la *cail-
lette*.

La dentition des ruminants est incomplète; la mâchoire supérieure n'a pas d'incisives et les canines manquent totalement; il
y a une barre très développée en avant des molaires. Les pieds
bifides sont terminés par deux sabots.

La France compte onze espèces de ruminants réparties en cinq
genres et cinq familles.

Bovidés

		Longueur de corps.	Longueur de queue.	Hauteur au garrot.
Bœuf......	Bœuf domestique (*Bos taurus*).			

Capridés

Chèvre.....	Bouquetin des Alpes (*Capra ibex*).	1m.50	0m.06	0m.80
	Bouquetin des Pyrénées (*Capra pyrenaica*).................	1m.50	0m.06	0m.80
	Chèvre domestique (*Capra hircus*).			

Ovidés

Mouton....	Mouflon de Corse (*Ovis musimon*).....................	1m.22	0m.08	0m.80
	Mouton domestique (*Ovis aries*).			

Antilopidés

		Longueur de corps.	Longueur de queue.	Hauteur au garrot.
CHAMOIS.... {	Chamois d'Europe (*Rupicapra europæa*)	1m.20	0m.08	0m.76

Cervidés

		Longueur de corps.	Longueur de queue.	Hauteur au garrot.
CERF....... {	Cerf commun (*Cervus elaphus*)...	2m.30	0m.15	1m.40
	Cerf de Corse (*Cervus corsicanus*).			
	Daim ordinaire (*Cervus platyceros*)	1m.60	0m.18	0m.85
	Chevreuil vulgaire (*Cervus capreolus*)	1m.10		0m.68

L'emploi du **bœuf domestique** dans l'alimentation, la culture et l'industrie est suffisamment connu pour qu'il soit inutile de s'y arrêter. Notons seulement les services qu'il rend à la médecine : c'est sur les jeunes génisses qu'on cultive le vaccin.

Les **bouquetins** habitent les régions escarpées des Alpes et des Pyrénées. Par suite de la chasse qu'on leur fait, ces animaux sont devenus rares. Leur chair est comestible et fournit un excellent gibier, bien que les mâles possèdent une odeur assez forte; leur peau s'emploie en fourrure. Le bouquetin des Alpes se reconnaît à ses cornes noueuses recourbées en demi-cercle; le bouquetin des Pyrénées a les cornes arrondies en dehors, plates en dedans et à double courbure.

Nous n'avons pas à parler de la **chèvre domestique**. Disons cependant que son lait est quelquefois recherché pour l'allaitement des enfants, parce que la phtisie a rarement été constatée chez elle; sa peau s'emploie en fourrure.

Le **mouflon de Corse** ressemble aux bouquetins, tant par son aspect que par ses mœurs. Il s'en distingue cependant aisément par l'absence de barbe et ses cornes moins longues. Comme son nom l'indique, cet animal habite la Corse. Sa chair est comestible. Sa peau s'emploie en maroquinerie et sert aussi à faire des tapis.

On connaît les divers produits que nous fournit le **mouton**, aussi n'en parlerons-nous pas plus que des autres animaux domestiques.

Le **chamois** habite les hautes régions des Alpes et des Pyrénées. Il vit en petites troupes et fréquente surtout les roches voisines des glaciers où sa chasse est fort dangereuse. L'hiver il s'abrite dans les parties boisées des montagnes et mange les pousses des arbres. Sa chair est très savoureuse; sa peau est employée en fourrure.

Le **cerf**, le **daim** et le **chevreuil** se nourrissent l'hiver de lichens, de mousses, d'écorces, et viennent brouter parfois dans les cultures avoisinant les forêts qu'ils habitent; mais ils recherchent surtout les jeunes pousses et les bourgeons des arbres et des arbrisseaux. Ce sont donc, comme on le voit, des animaux très nuisibles, toutefois la venaison excellente qu'ils nous fournissent compense un peu les dégâts qu'ils commettent.

Mouflon de Corse.

La femelle du cerf s'appelle *biche* et le jeune, *faon* pour prendre ensuite le nom de *hère* lorsqu'il n'a plus de taches blanches. Les cornes ou bois tombent tous les ans vers février ou mars; la première année elles sont simples et sont appelées *dagues*, d'où le nom de *daguet* que porte l'animal à cet âge. L'année suivante il pousse une ramification ou *andouiller* sur la première corne qui prend le nom de *perche* ou *merrain;* on dit alors que le cerf a sa première tête. A trois ans, il a deux andouillers et porte sa troisième tête, il est dit *six cors.* A cinq ans, viennent les *empaumures;* à six ans, il est dit *dix cors jeunement; dix cors bellement* à sept ans et plus tard *vieux cerf.*

Chamois d'Europe.

La base des bois s'appelle *couronne* ou *meule*. Pendant leur croissance, les bois sont recouverts d'une peau appelée *drap* ou *velours*, qui disparaît lorsque le bois est *mûr*.

Le daim est reconnaissable à ses bois qui, dans la partie supérieure, s'aplatissent en palette ; son pelage, uniforme en hiver, est plus clair et tacheté de blanc en été. La femelle est appelée *daine* et le petit *faon*.

Le chevreuil mâle porte le nom de *brocart*, la femelle celui de *chevrette*, les jeunes sont appelés faons ou *chevrillards*.

Cerf commun.

En outre de leur chair, les cervidés nous fournissent leurs bois, qui reçoivent dans l'industrie divers emplois. Leur tête, naturalisée, est d'un bel effet pour la décoration des appartements ; leurs pattes se montent en patères, en cordons de sonnette, en manches de couteaux, de coupe-papier, etc.; leur peau, chamoisée, est utilisée comme cuir ; on peut l'employer également à la fabrication des tapis, mais ceux-ci sont peu recommandables, car les poils se brisent facilement sous le pied qui les foule.

Daim ordinaire.

La chair du chevreuil est bien préférable comme saveur à celle du cerf et à celle du daim. Cet animal s'apprivoise aisément ; la femelle surtout est très douce, aussi le chevreuil est-il celui des cervidés qu'on élève le plus fréquemment dans les parcs et les jardins. Le cerf, au contraire, ne se prive que difficilement ; en vieillissant, il redevient sauvage et peut occasionner des blessures graves avec ses bois.

Dans tous les cas, lorsque l'on élève des cervidés dans des propriétés, il faut avoir soin de n'en garder qu'un nombre restreint dans une grande étendue de terrain, sans quoi leurs dégâts deviendraient trop considérables.

Chevreuil vulgaire.

VII. — PORCINS.

Les porcins sont principalement remarquables par la forme de leur museau appellé *buttoir* ou *groin*, lequel contient un os particulier qui lui donne la consistance nécessaire pour fouiller la terre. Ils ont quarante-quatre dents ; les canines, très développées et saillantes, prennent le nom de défenses.

Cet ordre est représenté en France par une seule famille comprenant un genre qui renferme deux espèces.

Suidés

PORC... { Sanglier ou porc sauvage (*Sus scrofa*).
{ Porc domestique (*Sus domesticus*).

Le sanglier établit dans les bois sa retraite ou *bauge* et recherche le voisinage des mares. Il est omnivore : végétaux herbacés, graines, fruits, tubercules, insectes, petits mammifères, oiseaux, reptiles, et même les cadavres qu'il rencontre, tout lui fait ventre. Fouillant continuellement la terre, il fait de grands dégâts dans les cultures ; aussi la chasse en est-elle permise en tout temps.

Sanglier.

La femelle du sanglier porte le nom de *laie ;* le jeune, jusqu'à six mois, celui de *marcassin ;* celui de *bête rousse* jusqu'à un an, de *bête de compagnie* jusqu'à deux ans, de *ragot* jusqu'à trois, de *tiers ans* jusqu'à quatre, de *quart ans* ou *quartenier* de quatre à cinq; de *vieux sanglier* à cinq, de *grand vieux* à six, et enfin de *solitaire* à partir de sept, car les vieux mâles vivent isolés, tandis que les autres animaux vont en petites troupes.

La chair du sanglier est très bonne, surtout quand l'animal est jeune. Ses poils, appelés soies, sont employés pour faire des balais ; sa peau peut servir à différents usages.

Chacun connaît les nombreuses ressources que nous offre le **porc domestique**. Toutes les parties peuvent en être utilisées et son éloge n'est plus à faire au point de vue de l'alimentation. C'est, de tous nos animaux domestiques, celui qui rapporte le plus par rapport aux frais qu'il nécessite.

VIII. — AMPHIBIES.

Les amphibies sont des animaux à la fois aériens et aquatiques ; leur corps est fusiforme, leurs membres modifiés pour la natation sont palmés ; les oreilles externes manquent et les narines, par une disposition spéciale, se ferment quand l'animal plonge.

La dentition est complète.

La France compte six espèces d'amphibies formant une seule famille et un seul genre :

Phocidés

		Longueur de corps.
	Phoque à capuchon (*Phoca cristata*)............	2m.30
	Phoque moine (*Phoca monacha*)..............	2m.50
Phoque	Phoque commun (*Phoca vitulina*).............	1m.50
	Phoque marbré (*Phoca discolor*)..............	1m.70
	Phoque barbu (*Phoca barbata*)...............	3m.
	Phoque du Groenland (*Phoca groenlandica*)....	2m.80

Les amphibies ou **phoques** sont des animaux craintifs qui ne viennent sur le sol que pour se reposer et allaiter leurs petits. Ils recherchent les côtes isolées, car leur démarche étant pénible à terre, ils éprouvent assez de difficulté pour regagner l'eau en cas d'alerte. C'est principalement pendant la nuit qu'ils vont à la recherche de leur nourriture qui se compose de poissons, crustacés, mollusques, etc. Ils vivent en troupes et sont toujours conduits par un vieux mâle chargé de veiller à la sûreté commune. Plusieurs des espèces précitées n'ont été observées que rarement sur nos côtes ; tels sont : le phoque à capuchon, le phoque barbu et le phoque du Groenland ; le phoque moine se rencontre fréquemment sur les côtes de la Méditerranée ; le phoque commun et le phoque marbré se montrent surtout sur notre littoral de la Manche.

Phoque commun.

La peau des phoques sécrète une matière huileuse destinée à lubrifier leurs poils. Ces animaux s'apprivoisent facilement et sont susceptibles d'une certaine éducation et même d'attachement. Leur chair est comestible ainsi que leur lait et leur graisse, qui fournit une huile inodore ; leurs tendons et leurs boyaux servent à faire des cordes. Les Groenlandais emploient aussi leurs intestins et diverses membranes pour faire des vitres, leur peau pour confectionner des vêtements et fabriquer des ustensiles de ménage.

IX. — CÉTACÉS.

Les membres antérieurs des cétacés sont transformés en nageoires ; les membres postérieurs manquent. Ils ont souvent sur le dos une nageoire qui, comme la queue, ne contient pas de pièces osseuses ; la queue est toujours disposée horizontalement ; ils n'ont pas de cou ni d'oreilles externes. Les narines, qui s'ouvrent au sommet de la tête, prennent le nom d'*évents ;* c'est par là que certains rejettent l'eau qu'ils aspirent par la bouche. Leur peau est lisse ; chez quelques-uns, les dents sont remplacées par des *fanons.*

On a observé sur nos côtes environ vingt-neuf espèces de cétacés qu'on a groupées en deux sous-ordres :

1º Les denticètes, caractérisés par la présence de dents toutes semblables qui peuvent arriver au nombre de deux cents; ils forment trois familles et onze genres.

2º Les mysticètes, chez lesquels les dents sont remplacées par des fanons, et qui se répartissent en deux familles et deux genres.

Denticètes.

Delphinidés

		Longueur.
DELPHINORHYNQUE	Delphinorhynque de Saintonge (*Delphinorhynchus santonicus*)....................	1m.84
	Delphinorhynque à long bec (*Delphinorhynchus rostratus*)........................	4m.
	Delphinorhynque plombé (*Delphinorhynchus plumbeus*)........................	3m.80
DAUPHIN.........	Dauphin vulgaire (*Delphinus delphis*)......	2m.30
	Dauphin méditerranéen (*Delphinus mediterraneus*)................................	1m.54
	Dauphin d'Algérie (*Delphinus algeriensis*)..	2m.47
	Dauphin à bandes (*Delphinus marginatus*)..	2m.10
	Dauphin de Téthys (*Delphinus Telhyos*).....	2m.40
	Dauphin douteux (*Delphinus dubius*)........	1m.50
SOUFFLEUR.......	Souffleur Nézarnack (*Tursiops tursio*)	4m.
MARSOUIN........	Marsouin commun (*Phocæna communis*)....	1m.60
ORQUE..........	Orque épaulard (*Orca Duhameli*)..........	10m.
GLOBICÉPHALE....	Globicéphale noir (*Globicephalus melas*)....	7m.
	Globicéphale Fères (*Globicephalus feres*)...	5m.
GRAMPUS	Grampus gris (*Grampus griseus*)..........	3m.50

Ziphidés

DIOPLODON.......	Dioplodon d'Europe (*Dioplodon europæus*)..	4m.
	Dioplodon de Sowerby (*Dioplodon sowerbiensis*.................................	6m.
ZIPHIUS.........	Ziphius cavirostre (*Ziphius cavirostris*)......	6m.50
	Ziphius de Gervais (*Ziphius Gervaisii*)......	6m.50

Longueur.

HYPÉROODON ..... Hyperoodon Butzkopf (*Hyperoodon Butzkopfii*)   9m.

Physétéridés

CACHALOT .... { Cachalot à grosse tête (*Physeter macrore-*
phalus)................. .... 25m.

Mysticètes.

Baleinoptéridés

BALEINOPTÈRE .... {
Baleinoptère à museau pointu (*Balænoptera rostrata*) ....   9m.
Baleinoptère du Nord (*Balænoptera borealis*). 12m.
Baleinoptère des anciens (*Balænoptera musculus*)................................. 35m.
Baleinoptère de Sibbald (*Balænoptera Sibbaldi*) .... 35m.
Baleinoptère jubarte (*Balænoptera boops*)... 18m.

Baleinidés

BALEINE .... · {
Baleine des Basques (*Balæna biscayensis*).. 25m.
Baleine franche (*Balæna mysticetus*)........ 30m.

A part les dauphins et les marsouins, il est peu de **cétacés** qui viennent échouer sur nos côtes; plusieurs des espèces que

Dauphin vulgaire.

nous avons mentionnées n'ont été signalées que par une ou deux captures, aussi sont-elles encore peu connues.

La plupart des denticètes sont carnassiers; ils consomment
un grand nombre de poissons, et, par conséquent, font aux pêcheurs des torts assez importants; quelques-uns n'hésitent pas à
dévorer leurs semblables, lorsque ceux-ci sont assez grièvement
blessés pour ne faire que peu de résistance. On doit donc les

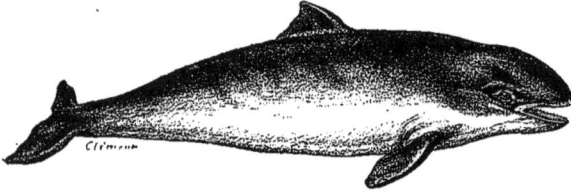

Marsouin commun.

détruire activement, d'autant plus qu'ils peuvent nous fournir
des produits qui compenseront et au-delà la peine qu'on prendra
pour s'en emparer.

Les mysticètes sont des animaux timides qui, malgré leur

Globicéphale noir.

grande taille, ne se nourrissent que de crustacés, mollusques et
autres petits animaux qui se trouvent en grand nombre à la surface de la mer.

On tire des cétacés des huiles qui font l'objet d'un commerce
important; la baleine franche est, de tous ces animaux, celui qui
en donne les plus grandes quantités; mais on peut en tirer des

autres espèces auxquelles on sera bientôt obligé de recourir exclusivement, la baleine franche devenant de plus en plus rare. La
chair des cétacés est comestible, et souvent les pêcheurs de ba-

Orques dévorant la langue d'une baleine.

leine s'en nourrissent en ayant soin de la dégraisser pour lui faire
perdre en partie sa saveur huileuse ; la peau, les tendons, les
boyaux entrent dans la fabrication de la colle forte.

Le cachalot nous fournit, en outre, des divers produits dont nous venons de parler, le *sperma ceti*, *blanc de baleine* ou *cétine*, substance grasse contenue dans sa tête et qu'on utilise en pharmacie, en parfumerie, ainsi que pour apprêter les étoffes fines et faire des bougies transparentes ; il nous donne encore l'*ambre gris*, concrétion qui semble formée par ses intestins et que la parfumerie paye jusqu'à 1 000 francs le kilogramme. Les dents sont employées comme ivoire, et les os comme faux ivoire.

La couche de lard du cachalot atteint une épaisseur de 20 à 25 centimètres. Son huile est beaucoup plus fine pour le graissage que celle de la baleine. Les mâles peuvent en fournir jusqu'à cent vingt barils, mais les femelles n'en donnent guère plus de vingt.

Le cachalot est un cétacé timide dont on n'a rien à craindre si on ne l'inquiète pas ; mais si on lui lance un harpon « au lieu de s'enfuir sous le coup de la douleur comme la baleine, dit le commandant Jouan, le cachalot souvent fait face à l'ennemi ; il s'avance la bouche ouverte vers l'embarcation pour la broyer avec ses formidables dents, quelquefois grosses comme le poignet ; souvent, dans les convulsions de son agonie, d'un coup de queue il brise la pirogue, envoyant ses débris à 15 ou

Dent de cachalot.

20 pieds en l'air : heureux les hommes qui en sont quittes pour un bain ! On cite même des exemples de navires coulés par le choc d'un cachalot ; tel fut le sort de l'*Essex* en 1819, dans la mer du Sud. On ne parlait plus de cet accident ni des mésaventures d'autres navires qui avaient été plus ou moins maltraités, lorsqu'un fait pareil se produisit en 1851, au large de la côte du Pérou. Le 20 août de cette année-là, l'*Annalexander* rencontra un énorme cachalot qui débuta par briser trois pirogues envoyées à sa poursuite. On le chassa avec le navire lui-même, et on réussit à lui planter une lance dans la tête ; quelque temps après on le vit plonger. Debout sur les bossoirs, le capitaine veillait le moment où il reparaîtrait lorsque, tout à coup, il aperçut le monstre se ruant sur le navire avec une vitesse de peut-être 15 milles

à l'heure. L'*Annalexander* trembla dans toute sa charpente,
comme s'il avait touché sur un écueil et se coucha immédiatement sur le flanc, tout rempli d'eau ; l'équipage n'eut que le temps
de le quitter, sans pouvoir rien emporter. »

Les fanons des mysticètes se vendent dans le commerce sous
le nom de baleine ; une seule baleine des Basques peut fournir
15 000 kilogrammes d'huile et 800 kilogrammes de fanons attei-
gnant 5 mètres de long et qui se vendent environ 25 francs le
kilogramme. La baleine franche peut produire une quantité
d'huile près de trois fois plus considérable.

La pêche de la baleine, moins dangereuse que celle du cachalot, est cependant loin d'être sans péril.

Cachalot à grosse tête.

LES OISEAUX

~~~~~~~~

Les oiseaux forment la deuxième classe de l'embranchement des vertébrés. Leurs membres antérieurs sont transformés en ailes ; leur bouche est garnie d'un bec corné, leur corps couvert de plumes, leur sang chaud (sa température est d'environ 40°), leur cœur a quatre cavités ; les poumons communiquent avec des sacs aériens placés dans les diverses parties du corps, ainsi qu'avec les cavités des os ; enfin ils sont ovipares.

On a observé en France plus de trois cents espèces d'oiseaux. Nous ne les citerons pas toutes, car beaucoup n'ont été rencontrées qu'accidentellement et ne présentent qu'un intérêt purement scientifique.

Nous classerons nos espèces françaises avec M. Gadeau de Kerville en huit ordres qui sont :

1. *Carnivores.*	4. *Granivores.*	7. *Echassiers.*
2. *Omnivores.*	5. *Colombins.*	8. *Palmipèdes.*
3. *Insectivores.*	6. *Gallinacés.*	

L'utilité d'un certain nombre d'espèces a été souvent discutée, aussi est-il fort difficile de classer les oiseaux d'une façon absolue en utiles et en nuisibles. Un congrès a été tenu en 1895 à Paris, à l'instigation du ministère de l'Agriculture, dans le but d'assurer la protection des oiseaux utiles. Cela a nécessité la détermination d'une liste d'espèces utiles et d'une liste d'espèces nuisibles que nous donnons ci-dessous :

Oiseaux utiles.

Rapaces nocturnes : Chevêches (*Athene*) et Chevêchettes (*Glaucidium*). — Chouettes (*Surnia*). — Hulottes ou Chats-huants (*Syrnium*). — Effraie commune (*Strix flammea* L.). — Hiboux brachyotes et Moyen-duc (*Otus*). — Scops d'Aldrovande ou Petit-duc (*Scops giu Scop*).

Grimpeurs : Pics (*Picus, Gecinue*, etc.); toutes les espèces.

Syndactiles : Rolliers ordinaires (*Coracias garrula* L.). — Guê-piers (*Merops*).

Passereaux ordinaires : Huppe vulgaire (*Upupa epops*). — Grimpereaux, Tichodromes et Sittelles (*Certhia, Tichodromus, Sitta*). — Martinet (*Cypselus*). — Engoulevents (*Caprimulgus*). — Rossignols (*Luscinia*). — Gorges-bleues (*Cyanecula*). — Rouges-queues (*Ruticilla*). — Rouges-gorges (*Ruvecula*). — Traquets (*Pratincola* et *Saxicola*). — Accenteurs (*Accentor*). — Fauvettes de toutes sortes telles que : Fauvettes ordinaires (*Sylvia*); Fauvettes babillardes (*Curruca*); Fauvettes ictérines (*Hypolais*); Fauvettes aquatiques, Rousserolles, Phragmites, Locustelles (*Acrocephalus, Calamodyta, Locustella*, etc.); Fauvettes cisticoles (*Cisticola*). — Pouillots (*Phylloscopus*). — Roitelets (*Regulus*) et Troglodytes (*Troglodytes*). — Mésanges de toutes sortes (*Parus, Panurus, Orites*, etc.). — Gobe-mouches (*Muscicapa*). — Hirondelles de toutes sortes (*Hirundo, Chelidon, Cotyle*). — Lavandières et Bergeronnettes (*Motacilla, Budytes*). — Pipits (*Anthus, Corydalla*). — Becs croisés (*Loxia*). — Chardonnerets et Tarins (*Carduelis* et *Chysomitris*). — Venturons et Serins (*Citrinella* et *Serinus*). — Étourneaux ordinaires et Martins (*Sturnus, Pastor*, etc.).

Échassiers : Cigognes blanche et noire (*Ciconia*).

Oiseaux nuisibles.

Rapaces diurnes : Gypaète barbu (*Gypaetus barbatus* L.). — Aigles (*Aquila, Visaetus*) ; toutes les espèces. — Pygargues (*Haliaetus*); toutes les espèces. — Balbusard fluviatile (*Pandion haliaetus*). — Milans, Elanions et Nauclers (*Milvus, Elanus, Nauclerus*) ; toutes les espèces. — Faucons : Gerfauts, Pélerins, Hobereaux, Émerillons (*Falco*), toutes les espèces ; à l'exception des Faucons kobez, cresserelle et cresserine. — Autour ordinaire (*Astur palumbarius* L.). — Éperviers (*Accipiter*). — Busards (*Circus*).

Rapaces nocturnes : Grand-duc vulgaire (*Bubo maximus* Flem.).

Passereaux ordinaires : Grand corbeau (*Corvus corax* L.). — Pie voleuse (*Pica rustica* Scop.). Geai glandivore (*Garrulus glandarius* L.).

Échassiers : Hérons cendré et pourpré (*Ardea*). — Butors et Bihoreaux (*Botaurus* et *Nycricorax*).

Palmipèdes : Pélicans (*Pelecanus*). — Cormorans (*Phalacrocorax* ou *Graculus*). — Harles (*Mergus*). — Plongeons (*Colymbus*).

I. — CARNIVORES.

Les carnivores ou oiseaux de proie ont le bec fort et crochu ; leurs pattes sont armées de griffes acérées ; les ailes sont très développées et, par suite, leur vol est puissant.

Tous ces oiseaux ont la vue perçante, mais certains ne distinguent aisément qu'à la faveur du crépuscule, tandis que d'autres ne voient bien qu'au grand jour. Généralement, les mâles sont plus petits que les femelles.

On peut répartir les espèces françaises en trois familles comprenant douze genres.

Strigidés

		Longueur.
HIBOU	Hibou grand-duc (*Asio bubo*)	0m.60
	Hibou petit-duc (*Asio scops*)	0m.20
	Hibou moyen-duc (*Asio otus*)	0m.35
	Hibou brachyote (*Asio accipitrinus*)	0m.38
CHOUETTE	Chouette hulotte (*Strix aluco*)	0m.42
	Chouette effraye (*Strix flammea*)	0m.35
	Chouette de Tengmalm (*Strix Tengmalmi*)	0m.25
	Chouette chevêche (*Strix noctua*)	0m.25
	Chouette harfang (*Strix nyctea*)	0m.58

Falconidés

BUSARD	Busard des marais (*Circus rufus*)	0m.55
	Busard de Saint-Martin (*Circus cyaneus*)	0m.50
	Busard de Montagu (*Circus cinerarius*)	0m.45
	Busard pâle (*Circus pallidus*)	0m.50

		Longueur.
AIGLE.........	Aigle Jean-le-Blanc (*Aquila gallica*)........	0m.70
	Aigle balbuzard (*Aquila haliætus*)..........	0m.60
	Aigle à queue blanche (*Aquila albicilla*)....	0m.95
	Aigle à tête blanche (*Aquila leucocephala*)...	0m.90
	Aigle botté (*Aquila pennala*)	0m.50
	Aigle impérial (*Aquila imperialis*)..........	1m.
	Aigle criard (*Aquila nævia*)...............	0m70.
	Aigle doré (*Aquila chrysætos*)	1m.
	Aigle Bonelli (*Aquila fasciata*)............	0m.65
GERFAUT.......	Gerfaut de Norvège (*Hierofalco gyrfalco*) ...	0m.55
	Gerfaut d'Islande (*Hierofalco islandicus*)....	0m.55
FAUCON.......	Faucon commun (*Falco communis*)........	0m.40
	Faucon hobereau (*Falco subbuteo*)	0m.30
	Faucon émérillon (*Falco æsalon*)..........	0m.28
	Faucon crécerelle (*Falco tinnunculus*).....	0m.36
	Faucon crécerine (*Falco cenchris*).........	0m.32
	Faucon lanier (*Fauco lanarius*)	0m.40
	Faucon kobez (*Falco vespertinus*)	0m.32
ÉPERVIER	Epervier commun (*Accipiter nisus*)........	0m.32
	Epervier autour (*Accipiter palumbarius*)....	0m.51
BUSE.........	Buse vulgaire (*Buteo vulgaris*)	0m.70
	Buse pattue (*Buteo lagopus*).	0m.60
	Buse bondrée (*Buteo apivorus*)	0m.60
MILAN.........	Milan royal (*Milvus regalis*)...............	0m.70
	Milan noir (*Milvus niger*).................	0m.65

Vulturidés

VAUTOUR.......	Vautour moine (*Vultur monachus*)	1m.25
	Vautour fauve (*Vultur fulvus*)	1m.20
NÉOPHRON	Néophron percnoptère (*Neophron percnop-* *terus*).................................	0m.70
GYPAÈTE.......	Gypaète barbu (*Gypælus barbatus*)..........	1m.30

Les chouettes et les hiboux ont des mœurs analogues.

Ils habitent surtout les forêts épaisses, où ils font leur demeure habituelle d'un tronc d'arbre creux, d'un nid abandonné ; mais on les rencontre aussi dans les trous de rochers, les tours des édifices, les fissures des vieux murs et, en général, dans tous les endroits où ils peuvent trouver une retraite et une subsistance assurée.

C'est au crépuscule que la plupart des chouettes se mettent en quête de leur nourriture, qui se compose principalement de rongeurs tels que rats, mulots, campagnols et souris ; d'insectes, de reptiles et de grenouilles. Leur vol est silencieux et léger ; lorsqu'elles sont en chasse, elles rasent presque toujours le sol, parfois lentement, parfois très rapidement. La nuit, ces oiseaux poussent un cri plaintif et lugubre que la superstition a fait long-

Hibou grand-duc. — Chasse à la hutte.

temps considérer comme un mauvais présage. On sait que ce cri avait été adopté par les Chouans, comme signal de ralliement pendant les guerres de Vendée.

Autour du nid des chouettes on remarque souvent un grand nombre de boulettes noirâtres recouvertes d'une sorte d'enduit gommé ; si on les ouvre, on constate qu'elles renferment une agglomération d'os, de dents, de poils de petits rongeurs. Ce sont les parties non digérées de leurs victimes que les chouettes rejettent par le bec.

Sur le sol, ces oiseaux sont ordinairement maladroits ; les espèces dont les pattes sont longues peuvent seules poursuivre et atteindre leur proie à la course, en battant l'air de leurs ailes pour avancer avec plus de rapidité.

Lorsque les strigidés sont forcés de quitter leur demeure pendant le jour, ils paraissent aveuglés et volent au hasard, har-
celés par les petits oiseaux qui ne tardent pas à accourir de tous
côtés. On utilise cette aversion pour la chasse, car, en attachant
une chouette en un endroit éclairé, on peut tuer un grand nombre
d'oiseaux attirés par sa présence, avant que les autres songent à
s'enfuir.

L'aspect bizarre et disgracieux des chouettes a donné lieu à des

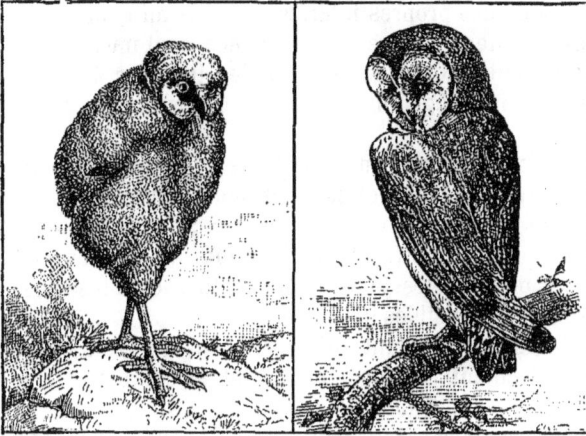

Chouette effraye jeune. — Chouette effraye adulte.

superstitions absurdes dans lesquelles on leur a attribué toutes
sortes de puissances diaboliques : on les a accusées de jeter des
sorts et l'on s'est figuré que leur cri lugubre annonçait des mal-
heurs et présageait la mort, aussi les a-t-on souvent clouées
vivantes aux portes des habitations pour les punir de ces préten-
dus maléfices.

Il est déplorable, alors que les chouettes ont déjà tant d'ennemis
parmi les mammifères carnivores et la gent emplumée, que
l'homme, leur principal obligé, vienne se joindre parfois à leurs
persécuteurs pour les torturer sous des prétextes ridicules ; mais
c'est un fait que tous les êtres disgraciés de la nature, fussent-ils
nos plus grands bienfaiteurs, sont méconnus et calomniés long-

temps avant qu'on leur rende justice. Ainsi, le crapaud et la chauve-souris ont été honnis pendant des siècles et, pour les avoir jugés sur la mine, nous nous sommes privés volontairement des services de ces précieux alliés.

Les chouettes, sauf le grand-duc et peut-être le harfang, peuvent fort bien remplacer les chats dont elles n'ont pas les défauts ; ce sont des oiseaux pleins de douceur, susceptibles d'attachement pour leur maître et qu'on aurait tout avantage à domestiquer. C'est ce que nous devrions faire, mais si nous n'avons pas à ce point le souci de nos propres intérêts, sachons au moins respecter ces fidèles serviteurs, et renonçons à des coutumes aussi barbares que ridicules, qui consistent à les immoler stupidement, coutumes d'un autre âge engendrées par l'ignorance et la superstition.

Les **buzards** se rencontrent dans toute la France et particulièrement au bord des marais et dans les lieux humides ; ils nichent par terre dans les buissons et les roseaux ; ils vivent de petits mammifères, d'oiseaux (surtout d'oiseaux aquatiques dont ils mangent les œufs et les jeunes), de reptiles et d'insectes. Les buzards sont plus nuisibles qu'utiles.

Les **aigles** se nourrissent principalement de proies vivantes, mais ils ne reculent aucunement devant la charogne lorsqu'ils sont poussés par la faim ; ils enlèvent parfois des animaux d'assez forte taille : chèvres, moutons, et sont très redoutés dans les endroits qu'ils fréquentent ; quelques-uns, tels que l'aigle pêcheur et l'aigle à queue blanche, sont friands de poissons qu'ils capturent à la surface des cours d'eau.

Tête d'aigle impérial.

Les aigles construisent leur nid ou *aire*, qui atteint jusqu'à 2 mètres de diamètre, au sommet des arbres ou des rochers, et ne pondent qu'un ou deux œufs ; ils vivent par couples et gardent la même femelle pendant toute leur vie.

L'aigle impérial et l'aigle doré habitent surtout les régions inaccessibles des Alpes ; le Jean-le-Blanc ne se rencontre guère que dans les montagnes de l'Est et du Sud ; l'aigle botté et l'aigle à queue blanche se trouvent dans toute la France ; l'aigle criard et l'aigle Bonelli sont particuliers au Midi.

Les **gerfauts**, très communs en Islande, en Norvège et au Groenland, ne se rencontrent guère que dans le nord de la France. Ce sont des oiseaux audacieux et agiles qu'on utilise parfois pour la chasse ; ils se nourrissent surtout d'oiseaux et de mammifères ; on a tout intérêt à les détruire.

Les **faucons** sont les plus gracieux et les plus téméraires des oiseaux de proie. Armés d'un bec solide et de fortes pattes, ils attaquent principalement les petits mammifères et les oiseaux, mais font aussi leur nourriture d'insectes, de batraciens et de reptiles ; ils nichent dans les forêts et les trous de rochers. On les employait autrefois pour la chasse à laquelle on les dresse assez facilement.

Les faucons de grande espèce viennent jusque dans le voisinage des fermes enlever les oiseaux de basse-cour. Dans les champs et les bois, ils détruisent quantité d'alouettes, de perdreaux, de lapins, aussi doit-on leur faire une chasse active.

Les **éperviers** sont assez répandus en France ; ils nichent dans les grands arbres et préfèrent les régions accidentées ; ils font une importante consommation de petits oiseaux, de mammifères, mais mangent également des insectes ; l'autour, plus grand que l'épervier commun, s'attaque aux pigeons, aux perdrix, aux lièvres et aux lapins. Les éperviers sont très nuisibles et doivent être massacrés impitoyablement.

Épervier commun.

Les **buses** font en grande partie leur nourriture de rongeurs, tels que mulots et campagnols, ainsi que de grenouilles, de reptiles et d'insectes ; elles ravagent parfois aussi les nids des petits oiseaux, mais les services qu'elles nous rendent doivent leur faire pardonner ces dégâts relativement minimes. Les buses font leur nid dans les rochers et les grands arbres ; la buse bondrée recherche particulièrement les larves des guêpes et des abeilles, mais elle semble craindre la piqûre de ces insectes à l'état adulte.

Les **milans** sont de passage au printemps et à l'automne et ne restent sédentaires que dans le midi de la France. Ils affectionnent surtout les lieux habités, les champs qui abondent en insectes, reptiles, oiseaux et rongeurs. Pour la ferme, dont ils attaquent la volaille, ce sont des voisins dangereux ; pour les champs, au contraire, qu'ils débarrassent de tous les êtres malfaisants qui les ravagent, ce sont de véritables bienfaiteurs.

Les **vautours** sont des oiseaux de proie de grande taille, remarquables par le cou et la tête qui sont presque nus. Ils se nourrissent parfois de petits animaux, mais le plus souvent ils vivent de cadavres, d'ordures et d'immondices de toute espèce qu'ils peuvent apercevoir de distances considérables pendant leur vol. Les vautours se rencontrent surtout dans les régions montagneuses ; ils établissent leur aire sur les cimes ou dans les trous des rochers ; ils vivent ordinairement par couples.

Le **néophron percnoptère**, très répandu en Algérie, ne se trouve en France que dans les parties montagneuses des Alpes, des Pyrénées et des Cévennes.

Buse vulgaire.

Ses habitudes sont, à peu de chose près, les mêmes que celles des vautours.

Le **gypaète barbu** construit son aire dans les régions inaccessibles des Alpes et des Pyrénées ; il se repaît de cadavres et même d'os qu'il digère aisément. Lorsque ceux-ci sont trop gros, le gypaète les saisit et s'envole, puis les laisse tomber de très haut sur les rochers contre lesquels ils se brisent ; il en avale ensuite les morceaux. On a cru longtemps que le gypaète se nourrissait de proies vivantes, enlevait des agneaux et quelquefois même des enfants ; on sait aujourd'hui qu'il n'en est rien et que ce carnivore n'est aucunement dangereux.

II. — OMNIVORES.

L'ordre des omnivores renferme des oiseaux qui se nourrissent de toute espèce d'aliments, mais dont les caractères physiques sont variables.

On compte en France douze espèces d'omnivores que nous grouperons en deux familles et huit genres :

Corvidés

		Longueur.
CORBEAU	Corbeau commun (*Corvus corax*)	0m.67
	Corbeau corneille (*Corvus corone*)	0m.50
	Corbeau mantelé (*Corvus cinereus*)	0m.53
	Corbeau freux (*Corvus frugilegus*)	0m.50
	Corbeau choucas (*Corvus monedula*)	0m.38
CRAVE	Crave commun (*Graculus eremita*)	0m.42
CHOCARD	Chocard alpin (*Pyrrhocorax alpinus*)	0m.40
CASSE-NOIX	Casse-noix commun (*Nucifraga caryocatactes*)	0m.35
PIE	Pie commune (*Pica caudata*)	0m.50
GEAI	Geai commun (*Garrulus glandarius*)	0m.35

Sturnidés

ÉTOURNEAU	Étourneau vulgaire (*Sturnus vulgaris*)	0m.23
MARTIN	Martin roselin (*Pastor roseus*)	0m.22

Les **corbeaux** habitent principalement les forêts, les bois, les champs, les rochers du littoral ; cependant le corbeau choucas se trouve fréquemment aussi dans les ruines, les clochers, les tours des édifices. Certains sont sédentaires, d'autres migrateurs ; ils vivent par couples ou par familles.

Le vol des corbeaux est aisé et rapide ; leur démarche facile. Leur nourriture se compose d'éléments très variés : animaux morts, petits mammifères, oiseaux, œufs, reptiles, grenouilles, insectes, mollusques, graines, fruits, etc.

Le corbeau commun, le corbeau corneille, le corbeau mantelé, nichent presque toujours isolément ; le corbeau freux et le corbeau choucas nichent en société.

Chacun connaît les instincts pillards du corbeau. En captivité, cet oiseau dérobe toutes sortes d'objets : sous, cuillères, fourchettes, timbales ; ceux qui brillent excitent particulièrement sa convoitise.

En liberté, le corbeau se montre défiant au suprême degré et sait éviter les pièges qu'on lui tend. Il ne dédaigne rien de ce qui peut être mangé : escargots, rats, souris, petits oiseaux, insectes, charogne, herbe, fruits, graines, forment sa nourriture habituelle.

On a beaucoup discuté sur l'utilité du corbeau ; tantôt on le regarde comme nuisible, tantôt comme utile. Nous dirons seulement que certaines espèces, comme le corbeau commun et le corbeau freux, doivent être considérées comme franchement nuisibles, car leur régime est surtout granivore et frugivore.

Le **crave commun** se rencontre surtout dans les régions montagneuses et ne descend dans les vallées que pendant la mauvaise saison. Il vit par troupes nombreuses et se nourrit en grande partie d'insectes et de fruits charnus.

Le crave niche isolément dans les fissures des rochers et aussi dans les clochers des villages situés à une assez grande altitude.

Le **chocard alpin** a des mœurs à peu près analogues à celles du crave. Comme lui, il habite les pays montagneux et ne vient dans les vallées que par le mauvais temps ; comme lui aussi, il se nourrit d'insectes, de graines et de baies.

Le **casse-noix commun** habite de préférence les forêts et les bois de pins et de sapins ; on le rencontre principalement dans les Vosges et le Jura ; son vol est léger, mais peu rapide, sa démarche facile.

Le casse-noix se nourrit d'insectes, de graines de conifères, de noisettes, etc.

Cette espèce vit par bandes, mais niche isolément. Au début de l'automne, le casse-noix commence à se faire des réserves pour l'hiver dans les trous d'arbres et les crevasses des rochers. Il transporte ses provisions au moyen d'une poche qu'il possède au bas de la langue.

La **pie commune**, sédentaire en France, recherche surtout les endroits boisés situés à peu de distance des lieux habités. Son vol est lourd ; à terre elle marche presque toujours par sauts, en hochant constamment la queue. La pie vit de petits mammifères, jeunes oiseaux, insectes, vers, mollusques, graines et fruits.

La pie est voleuse, audacieuse, querelleuse. Pillarde par instinct, elle ravage les couvées dans les bois, déterre dans les champs les graines fraîchement semées. Comme le corbeau, elle éprouve le besoin de s'approprier ce qui brille et, comme lui, elle sait presque toujours éviter les pièges et les embûches.

Pie commune.

La pie est un oiseau nuisible dont les services ne compensent vraisemblablement pas les dégâts : on a donc intérêt à la détruire.

Le **geai commun** vit dans les forêts et les bois où on le rencontre généralement par bandes ; son vol est lourd et sa démarche maladroite. Au printemps et en été, il mange surtout de petits mammifères, des oiseaux, des œufs, des reptiles, des grenouilles, des insectes ; en automne et en hiver, sa nourriture se compose principalement de faînes, de glands, de noisettes, de châtaignes et de fruits charnus. Pendant l'automne il s'amasse des provisions de fruits et de graines qu'il cache dans les creux d'arbres. Les geais sont très méfiants, mais leur curiosité cause souvent leur perte. Lorsque l'un d'eux est pris, il pousse des cris si perçants que tous ses congénères accourent et viennent se faire prendre au même piège.

Le geai est un oiseau nuisible qu'on doit détruire toutes les fois que l'occasion s'en présente.

L'**étourneau vulgaire** ou sansonnet est commun dans toute la France ; on le trouve dans les villes, les villages, les prairies, les marais, les lieux boisés ; en automne il émigre par troupes nombreuses.

Le vol de l'étourneau est ordinairement rapide et peu élevé. Cet oiseau recherche pour sa nourriture les insectes, qu'il va souvent prendre jusque sur le dos des animaux au pâturage, les vers, les limaces ; il mange aussi des graines et des fruits charnus. L'étourneau construit son nid dans un creux d'arbre, la fissure d'un mur, la crevasse d'un rocher, au bord d'un toit, et, autant que possible, à proximité de l'eau.

L'étourneau supporte assez bien la captivité et peut apprendre à siffler et même à prononcer quelques mots.

En raison de la quantité d'insectes qu'il consomme journellement, cet oiseau nous est un auxiliaire précieux qu'il faut se garder d'inquiéter.

Le **martin roselin** fréquente de préférence les lieux découverts et niche généralement en société. Il est bien moins commun que l'étourneau ; ses mœurs sont à peu près les mêmes ; il dévore un grand nombre d'insectes et particulièrement des sauterelles.

III. — INSECTIVORES.

Les insectivores, comme l'indique leur nom, font principalement leur nourriture d'insectes. Ce sont presque tous des oiseaux de petite taille. Certains possèdent un brillant plumage ; d'autres sont surtout remarquables par leur chant.

Nos espèces françaises peuvent être classées en vingt familles formant trente-sept genres.

Laniidés

		Longueur.
	Pie-grièche grise (*Lanius excubitor*)	0m.24
	Pie-grièche méridionale (*Lanius meridionalis*)	0m.25
PIE-GRIÈCHE....	Pie-grièche d'Italie (*Lanius minor*)	0m.22
	Pie-grièche rousse (*Lanius rufus*)	0m.19
	Pie-grièche écorcheur (*Lanius collurio*)	0m.27

Coraciidés

ROLLIER......	Rollier commun (*Coracias garrula*)	0m.33

Paridés

Longueur.

		Longueur.
MÉSANGE....	Mésange charbonnière (*Parus major*)	0m.15
	Mésange bleue (*Parus cæruleus*)	0m.12
	Mésange des marais (*Parus palustris*)	0m.12
	Mésange huppée (*Parus cristatus*)	0m.12
	Mésange noire (*Parus ater*)...............	0m.12
	Mésange à longue queue (*Parus caudatus*)..	0m.15
	Mésange à moustaches (*Parus barbatus*)....	0m.17
	Mésange rémiz (*Parus pendulinus*)........	0m.10
ROITELET......	Roitelet huppé (*Regulus cristatus*)	0m.09
	Roitelet à triple bandeau (*Regulus ignica-pillus*).................................	0m.09
SITTELLE......	Sittelle torche-pot (*Sitta europæa*)	0m.13

Certhiidés

TICHODROME ...	Tichodrome échelette (*Tichodroma muraria*).	0m.17
GRIMPEREAU ...	Grimpereau familier (*Certhia familiaris*)....	0m.135

Picidés

PIC.........	Pic vert (*Picus viridis*)....................	0m 34
	Pic cendré (*Picus canus*)..................	0m.32
	Pic épeiche (*Picus major*)	0m.23
	Pic mar (*Picus medius*)	0m.22
	Pic épeichette (*Picus minor*)...............	0m.15
	Pic noir (*Picus martius*)..................	0m.45

Torquillidés

TORCOL........	Torcol commun (*Yunx torquilla*)....... ...	0m.18

Cuculidés

COUCOU........	Coucou commun (*Cuculus canorus*)........	0m.30

Méropidés

GUÊPIER	Guêpier commun (*Merops apiaster*)........	0m.26

Hirundinidés

	Longueur.
HIRONDELLE .... { Hirondelle de cheminée (*Hirundo rustica*)...	0m.18
Hirondelle de fenêtre (*Hirundo urbica*).....	0m.14
Hirondelle de rivage (*Hirundo riparia*).....	0m.14
Hirondelle de rocher (*Hirundo rupestris*) ...	0m.15
MARTINET ..... { Martinet noir (*Gypselus apus*).............	0m.22
Martinet alpin (*Gypselus melba*)...........	0m.25
ENGOULEVENT .. { Engoulevent commun (*Caprimulgus euro-pæus*)	0m.28

Muscicapidés

GOBE-MOUCHES . { Gobe-mouches gris (*Muscicapa grisola*).....	0m.15
Gobe-mouches noir (*Muscicapa nigra*).......	0m.14
Gobe-mouches à collier (*Muscicapa collaris*).	0m.14

Calamoherpidés

ROUSSEROLLE... { Rousserolle turdoïde (*Acrocephalus arundina-ceus*)................................	0m.19
Rousserolle effarvatte (*Acrocephalus streperus*)................................	0m.13
Rousserolle verderolle (*Acrocephalus palus-tris*)	0m.133
PHRAGMITE .... { Phragmite des joncs (*Calamodyta schœno-bænus*).......................	0m.13
Phragmite aquatique (*Calamodyta aquatica*).	0m.13
CYSTICOLE...... Cysticole ordinaire (*Cysticola schœnicola*) ...	0m.10
CETTI.......... { Cetti bouscarle (*Sylvia cetti*)....	0m.14
Cetti luscinioïde (*Sylvia luscinioides*)	0m.12
Cetti à moustaches (*Sylvia melanopogon*)...	0m.13
LOCUSTELLE.... Locustelle tachetée (*Locustella nævia*).......	0m.14
ANORTHURE.... { Anorthure troglodyte (*Anorthura troglo-dytes*)	0m.10

Sylviidés

HYPOLAÏS ...... { Hypolaïs polyglotte (*Hypolais polyglotta*)...	0m.12
Hypolaïs contrefaisant (*Hypolais icterina*)...	0m.135

Longueur.

POUILLOT	Pouillot siffleur (*Phylloscopus sibilatrix*)....	0m.12
	Pouillot fitis (*Phylloscopus trochilus*).......	0m.12
	Pouillot véloce (*Phylloscopus rufus*)........	0m.12
	Pouillot de Bonelli (*Phylloscopus Bonellii*).	0m.115
FAUVETTE......	Fauvette à tête noire (*Sylvia atricapilla*) ...	0m.14
	Fauvette mélanocéphale (*Sylvia melanocephala*)................................	0m.135
	Fauvette des jardins (*Sylvia hortensis*)	0m.15
	Fauvette babillarde (*Sylvia garrula*)........	0m.14
	Fauvette orphée (*Sylvia orphea*)	0m.165
	Fauvette grisette (*Sylvia cinerea*)..........	0m.14
	Fauvette passerinette (*Sylvia subalpina*)....	0m.125
	Fauvette à lunettes (*Sylvia conspicillata*) ...	0m.12
	Fauvette provençale (*Sylvia provincialis*) ...	0m.13

Bombycillidés

JASEUR........	Jaseur de Bohême (*Bombycilla bohemica*)..	0m.22

Oriolidés

LORIOT	Loriot jaune (*Oriolus galbula*)	0m.26

Turdidés

GRIVE	Grive musicienne (*Turdus musicus*)	0m.23
	Grive draine (*Turdus viscivorus*)	0m.29
	Grive dorée (*Turdus aureus*).....	0m.27
	Grive mauvis (*Turdus iliacus*)	0m.22
	Grive litorne (*Turdus pilaris*).............	0m.26
	Grive à plastron (*Turdus torquatus*)........	0m.28
	Grive merle (*Turdus merula*)	0m.26
PÉTROCINCLE...	Pétrocincle de roche (*Monticola saxatilis*)..	0m.21
	Pétrocincle bleu (*Monticola cyaneus*).......	0m.23
TRAQUET.......	Traquet motteux (*Saxicola œnanthe*).......	0m.165
	Traquet stapazin (*Saxicola stapazina*)	0m.15
	Traquet oreillard (*Saxicola aurita*).........	0m.15
	Traquet tarier (*Saxicola rubetra*)..........	0m·125
	Traquet rieur (*Saxicola leucura*)	0m.19
	Traquet rubicole (*Saxicola rubicola*)	0m.12

Cinclidés

CINCLE........	Cincle d'eau (*Cinclus aquaticus*)...........	0m.17

Alcédinidés

MARTIN-PÊCHEUR   Martin-pêcheur commun (*Alcedo ispida*)....   0m.15

Upupidés

HUPPE.........   Huppe commune (*Upupa epops*)..........   0m.30

Motacillidés

ACCENTEUR..... {
Accenteur mouchet (*Accentor modularis*)....   0m.14
Accenteur des Alpes (*Accentor collaris*).....   0m.17

RUBIETTE ...... {
Rubiette rossignol (*Erithacus luscinia*)......   0m.16
Rubiette philomèle (*Erithacus major*).......   0m.18
Rubiette de muraille (*Erithacus phoenicurus*)   0m.145
Rubiette titys (*Erithacus titys*).............   0m.15
Rubiette rouge-gorge (*Erithacus rubecula*)..   0m.145
Rubiette suédoise (*Erithacus cærulecula*)....   0m.15

BERGERONNETTE. {
Bergeronnette grise (*Motacilla cinerea*).....   0m.19
Bergeronnette boarule (*Motacilla boarula*)...   0m.19
Bergeronnette printanière (*Motacilla flava*)..   0m.16

Alaudidés

PIPIT .... {
Pipit spioncelle (*Anthus spinoletta*)........   0m.18
Pipit obscur (*Anthus obscurus*).............   0m.165
Pipit farlouse (*Anthus pratensis*)..........   0m.16
Pipit à gorge rousse (*Anthus cervinus*).....   0m.145
Pipit des arbres (*Anthus arboreus*)..........   0m.15
Pipit rousseline (*Anthus campestris*) 0m.17
Pipit de Richard (*Anthus Richardi*).........   0m.18

ALOUETTE...... {
Alouette des champs (*Alauda arvensis*)... ..   0m.18
Alouette alpestre (*Alauda alpestris*)........   0m.18
Alouette cochevis (*Alauda cristata*).........   0m.18
Alouette lulu (*Alauda arborea*).............   0m.15
Alouette calandrelle (*Alauda brachydactyla*).   0m.14
Alouette calandre (*Alauda calandra*).......   0m.20

Les **pies-grièches** habitent la lisière des forêts, les taillis situés à proximité des champs, les plaines où se trouvent des buissons et des arbres. Elles viennent en France au printemps pour repartir en automne. Ce sont des oiseaux audacieux et querelleurs dont les mœurs ont beaucoup d'analogie avec celles du geai.

Bien qu'elles soient classées parmi les insectivores, les pies-grièches ne vivent pas seulement d'insectes, mais aussi de petits mammifères, d'oiseaux, de lézards. Elles ont l'habitude, lorsque leur appétit est satisfait, d'embrocher à des épines pour les reprendre plus tard les insectes et même les petits animaux qui composent leur nourriture. En considération de la quantité considérable d'insectes qu'elles détruisent et qui forme la base de leur alimentation, les pies-grièches doivent être respectées malgré les petits dégâts qu'elles commettent parfois.

Pie-grièche écorcheur.

Le **rollier commun** se trouve surtout dans les parties méridionales de la France où il fréquente de préférence les champs, les prés, les coteaux arides, les lieux boisés. Il absorbe quantité d'insectes et de vers; quelquefois aussi il mange des lézards et des grenouilles. Le rollier est peu sociable, il fait son nid dans un trou d'arbre, la fissure d'un mur, la crevasse d'un rocher.

Les **mésanges** sont des oiseaux vifs et gracieux, toujours en mouvement, sans cesse à la poursuite de larves, chenilles et insectes de toutes sortes; on les rencontre particulièrement dans les bois et les forêts; on les trouve aussi dans les parcs et les jardins.

Mésange bleue.

Malgré leur apparence inoffensive, les mésanges n'en ont pas moins un naturel batailleur et féroce; elles ne craignent pas d'attaquer un oiseau plus gros et plus fort qu'elles pour lui manger la cervelle lorsqu'elles sont parvenues à lui crever les yeux.

Mais il convient de dire aussi qu'elles nous rendent d'immenses services en détruisant journellement des quantités prodigieuses d'insectes.

Les **roitelets** sont de jolis oiseaux de petite taille qui recherchent les bois de conifères et établissent leur nid à l'extrémité des branches des pins et des sapins. On les rencontre par bandes, sautillant d'arbre en arbre, pour découvrir les insectes et les chenilles dont ils font leur nourriture. Leur tête est ornée d'une huppe de couleur feu entourée d'une bordure noire qu'ils dressent surtout lorsqu'ils sont irrités.

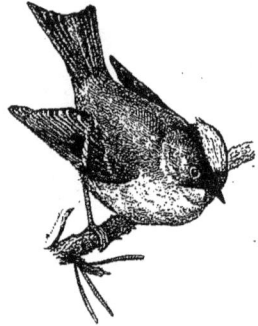

Roitelet huppé.

La **sittelle torche-pot** habite les bois et les forêts, toutefois, pendant la mauvaise saison, elle ne craint pas de se rapprocher des habitations et vient jusque dans les vergers et les jardins. Elle vit principalement d'insectes, d'araignées, mais mange aussi des faînes, des noisettes, des fruits charnus. Elle amasse pour l'hiver des provisions qu'elle dépose dans les trous des arbres, et quelquefois même sous le toit des maisons.

Le **tichodrome échelette** habite les régions montagneuses et ne vient en plaine que pendant l'hiver. Il grimpe aisément le long des rochers à pic dans les fissures desquels il prend, avec son long bec, les larves et les insectes dont il se nourrit. Cet oiseau est peu répandu ; il est sédentaire et vit isolé pendant presque toute l'année.

Tichodrome échelette.

Le **grimpereau familier** se trouve dans les lieux boisés de même que dans le voisinage des habitations. Il grimpe continuellement le long des arbres pour découvrir les insectes et les larves cachés sous les aspérités de l'écorce ; pendant l'hiver il se nourrit aussi de graines. Le grimpereau familier est sédentaire ; il établït son nid dans le creux des arbres, les crevasses des murs, les cavités des rochers.

Les **pics** sont des oiseaux grimpeurs, dont les pattes ont deux doigts dirigés en avant et deux dirigés en arrière. Ces doigts ont des ongles forts et acérés qui leur permettent de s'accrocher à l'écorce. Leur queue, dont les plumes sont terminées en pointes rigides, leur sert d'appui quand ils grimpent. Leur bec, droit et dur, est conformé pour piocher le bois des arbres où les pics trouvent les larves et les insectes dont ils font leur nourriture.

Voici d'ailleurs comment ces oiseaux procèdent :

Grimpereau familier.

Le pic frappe d'abord plusieurs coups sur le tronc d'un arbre, puis il cherche attentivement tout autour pour voir s'il n'a pas réussi à faire sortir quelque bestiole de sa retraite. Il arrive rarement qu'il éprouve une déception et il happe de sa longue langue les insectes effrayés auxquels son stratagème a fait quitter leur refuge.

Les pics habitent les parties les moins épaisses des bois, dans le voisinage des clairières et des lieux découverts ; ils font leur nid dans les creux des arbres. Ce sont des oiseaux essentiellement utiles et, s'ils mangent quelques graines, ils ne le font que dans la mauvaise saison, lorsqu'ils ne peuvent trouver d'autre nourriture.

Le **torcol commun** a, comme les pics, deux doigts en avant et deux en arrière ; il s'accroche au tronc des arbres, mais il ne peut y grimper. Cet oiseau se nourrit principalement de fourmis, mais mange aussi d'autres insectes. Il niche dans les excavations des arbres et, en automne, émigre par familles.

Pic vert.

Le **coucou commun** est bien connu par l'habitude qu'il a de faire élever ses jeunes par d'autres oiseaux plus petits et plus faibles que lui, les fauvettes particuliè-
rement. La femelle pond son œuf à terre, le prend dans son bec et le porte dans le nid où il sera couvé avec les autres. Le petit coucou qui en sort grandit vite; on a longtemps cru qu'il jetait à terre les autres jeunes pour s'assurer la place nécessaire, mais certains observateurs ont pu voir qu'après l'éclosion de son œuf le coucou femelle accourt, en l'absence des possesseurs du nid, et pousse en dehors tous les petits nés de ceux-ci.

Le coucou se nourrit essentiellement d'insectes et de chenilles et, malgré ses procédés peu délicats, notre intérêt nous commande de le ménager.

Torcol commun.

Le **guêpier commun** recherche les régions accidentées et habite toujours dans le voisinage de l'eau. On le trouve surtout dans le

Guêpier commun.

midi de la France; son vol est facile et léger, mais il marche difficilement. Comme l'indique son nom, le guêpier commun vit princi-

palement d'insectes hyménoptères, tels que les guêpes et les abeilles, mais il ne dédaigne pas les autres espèces.

Les hirondelles sont des oiseaux gracieux, au vol rapide, qui viennent en France dès le mois d'avril, et qu'on regarde comme les avant-coureurs du printemps. Certaines espèces, telles que l'hirondelle de cheminée et l'hirondelle de fenêtre, recherchent les lieux habités ; elles sont très familières et établissent surtout leur nid sous la corniche d'une maison, sous un toit, dans l'embrasure d'une fenêtre, une cheminée, une écurie, une étable, etc. L'hirondelle de rivage et l'hirondelle de rocher, bien moins répandues, nichent auprès des cours d'eau, dans les cavités des falaises et des rochers.

Les hirondelles se nourrissent exclusivement d'insectes qu'elles happent pendant leur vol. Elles sont donc très utiles.

Les martinets ressemblent beaucoup aux hirondelles dont ils ont à peu près les mœurs. Leur vol est extrêmement rapide ; ils se posent de temps à autre sur les rochers et le bord des toits, rarement sur les arbres, et presque jamais à terre, car il leur serait alors très difficile de s'envoler. Le martinet noir habite les villes et, en général, toutes les localités où se trouvent des constructions élevées ; le martinet alpin se rencontre dans les villes et les villages des régions montagneuses. Les deux espèces se nourrissent d'insectes et nichent dans les trous de rochers et les cavités des murs.

Martinet noir.

Engoulevent commun.

Les martinets émigrent chaque année en bandes nombreuses.

L'engoulevent commun nous arrive d'Afrique, au printemps, pour repartir au mois d'août. Il habite les bois et les forêts, à peu de distance des endroits découverts.

Le soir, à la chute du jour, l'engoulevent se réveille et prend son vol à la poursuite des insectes crépusculaires, sphinx, hanne- tons, bousiers qui s'engouffrent par milliers dans son bec énorme. Il va s'abattre aussi sur les vaches, les brebis, les chèvres, et les débarrasse des insectes qui les tourmentent. C'est un protecteur de nos récoltes qu'il faut respecter comme il le mérite.

Les **gobe-mouches** recherchent la lisière des bois, les vergers et les jardins situés dans le voisinage des cours d'eau. Ils arrivent chez nous au printemps et repartent en

Gobe-mouches à collier.

automne. Les gobe-mouches se nourrissent d'insectes ailés et nous sont, par suite, très utiles, mais leur chair est estimée comme gibier, aussi les détruit-on malgré les services qu'ils peuvent nous rendre.

Les **rousserolles** fréquentent de préfé- rence les lieux humides où croissent les roseaux. Elles viennent en avril ou mai pour repartir vers le mois de septembre.

Les rousserolles construisent leur nid au-dessus de l'eau, dans les roseaux ou les branches d'un saule, ou encore dans un buisson qui en est assez rapproché. Elles se nourrissent d'insectes et, quel- quefois aussi, de fruits charnus.

Les **phragmites** se plaisent dans le voisinage de l'eau, parmi les joncs et les roseaux; leurs mœurs sont à peu près les

Rousserolle effarvatte.

mêmes que celles des rousserolles; elles volent à peu de distance du sol, ne s'élevant à de grandes hauteurs qu'à l'époque de leurs migrations. Les phragmites vivent d'insectes et de fruits charnus.

La **cysticole ordinaire**, comme les rousserolles et les phrag-

mites, recherche le bord de l'eau. On ne la trouve guère que dans quelques localités situées sur les côtes de la Méditerranée ; elle se nourrit principalement d'insectes.

Les **cettis** habitent surtout la région méditerranéenne ; on les rencontre au bord des marais et des étangs, parmi les plantes aquatiques où ils établissent leur nid ; ils vivent d'insectes.

La **locustelle tachetée** habite les régions boisées, les endroits découverts où croissent des plantes touffues ; on la rencontre parfois dans les grands jardins ; elle est surtout commune dans certaines parties de la Bretagne. Cette espèce niche près du sol, dans un buisson, une touffe d'herbe. Elle fait sa nourriture d'insectes.

L'**anorthure troglodyte**, qu'on appelle souvent roitelet, se plaît partout où il trouve des haies et des buissons. Il est très familier et ne craint pas de pénétrer dans les habitations pendant l'hiver. Grâce à sa petite taille, il traverse les fourrés les plus épais en sautillant de branche en branche. Son vol est peu élevé ; sa nourriture se compose d'insectes et de fruits charnus.

Phragmite des joncs.

Les **hypolaïs** fréquentent les taillis, les haies, les buissons et même les vergers et les jardins. Ce sont des oiseaux querelleurs et vifs qui ne passent chez nous que la belle saison. Leur vol est rapide, mais irrégulier. Ils consomment surtout des insectes et quelquefois des fruits charnus.

Anorthure troglodyte.

Les **pouillots** sont des oiseaux vifs et agiles qui recherchent les bois et les forêts où croissent des conifères ; ils nichent ordinairement sur le sol ; leur vol est saccadé. Les pouillots nous arrivent au printemps pour repartir en automne ; ils vivent d'insectes, ne dédaignent aucunement les petits limaçons et mangent parfois des baies.

Les **fauvettes** habitent la lisière des bois, les clairières, les taillis et les buissons ; leur vol est plus ou moins rapide, plus ou moins élevé, direct ou saccadé suivant les espèces. Elles sont migratrices, quelquefois sédentaires. A l'époque de l'incubation, les mâles font entendre un chant mélodieux.

Les fauvettes ne sont pas des oiseaux au plumage brillant ; presque toutes, au contraire, ont une livrée modeste, grise ou brune. Elles se nourrissent en grande partie d'insectes, et, bien qu'elles mangent parfois des cerises, des prunes et autres fruits charnus, ce sont des oiseaux très utiles qui doivent être respectés.

Pouillot fitis.

Le **jaseur de Bohême** ne vient pas en France d'une façon régulière ; il vit dans les bois et recherche particulièrement ceux où se trouvent des conifères et des bouleaux ; son vol est rapide et léger, mais sa démarche maladroite. Le jaseur fait principalement sa nourriture d'insectes ; il mange aussi des fruits charnus.

Le **loriot jaune** fréquente les forêts, les haies, les vergers et les jardins ; il se plaît surtout dans le voisinage des cours d'eau ; son chant est mélodieux, mais il est souvent difficile d'apercevoir l'oiseau malgré ses couleurs voyantes, car il sait fort bien se dissimuler dans les branches pendant qu'il se livre à ses essais musicaux. Il est migrateur. Le loriot se nourrit d'insectes, mais a une prédilection marquée pour les cerises ; il faut donc l'éloigner pendant la saison des fruits.

Fauvette à tête noire.

Les **grives** habitent les forêts, les bois, les champs et les prairies où se trouvent des arbres. Toutes les espèces sont migra-

trices, sauf la grive-merle ou merle noir qui reste presque toujours chez nous pendant la mauvaise saison.

Jaseur de Bohême.   Loriot jaune.

Les grives se nourrissent d'insectes, de vers, de mollusques et
de fruits charnus. Elles sont beaucoup plus utiles que nuisibles,
car, bien qu'elles consomment par-
fois des raisins avec une intem-
pérance proverbiale, ce sont surtout les baies du gui, du genévrier,
du sorbier et autres fruits sauvages
qui, en outre des insectes, entrent
dans leur alimentation.

Certaines espèces, telles que la
grive musicienne, la mauvis, la
litorne, sont très recherchées en
automne pour la délicatesse de
leur chair ; on les capture à l'aide
de collets ou à la glu.

Grive musicienne.

Les **pétrocincles** se plaisent dans les endroits arides, pierreux,
où se trouvent des rochers dénudés ; ils nichent dans les trous
des vieux murs, les cavités des rochers ; on les rencontre surtout
dans le midi de la France. Les pétrocincles vivent d'insectes, de
vers et de fruits charnus.

Les **traquets** fréquentent les lieux caillouteux, rocheux, arides ;

certaines espèces comme le tarier, le rubicole, se voient aussi dans les prairies, les champs et les endroits humides. Ces oiseaux sont migrateurs, parfois sédentaires; ils aiment à se poser sur un monticule du sol ou un point élevé pour découvrir les insectes dont ils font leur nourriture. Le motteux ou cul-blanc, en particulier, se perche sur les plus grosses mottes de terre où il reste longtemps immobile jusqu'à ce qu'il aperçoive une proie à sa convenance.

En outre des insectes, les traquets mangent aussi des araignées, des fruits charnus. Ce sont des

Traquet tarier.

oiseaux on ne peut plus utiles qui ne doivent pas être inquiétés.

Le cincle d'eau habite, dans les régions accidentées, le voisinage des eaux courantes; il se plaît surtout auprès des torrents et des cascades. Il est généralement sédentaire; parfois il émigre pendant la mauvaise saison.

Le cincle va souvent à l'eau; il plonge avec facilité; dans certains cas, il s'immerge totalement et court sur le fond à la recherche d'une proie; ses plumes, enduites d'une substance grasse, ne peuvent être mouillées. Cet oiseau se nourrit d'insectes, petits crustacés, vers et mollusques.

Le **martin-pêcheur commun** se rencontre au-

Huppe commune.

près des cours d'eau, des étangs, des lacs; il émigre parfois, mais le plus souvent reste sédentaire. Il plonge facilement; son vol rapide paraît assez pénible.

Le martin-pêcheur vit d'insectes, petits poissons et crustacés.

La **huppe commune** habite la lisière des bois, les champs et les prairies où se trouvent des arbres; elle est facilement reconnaissable à la touffe de plumes qui couvre sa tête et qu'elle relève ou couche à volonté; son vol est sinueux, sa démarche aisée.

La huppe fait sa nourriture d'insectes, vers, mollusques, qu'elle découvre en fouillant les herbes avec son long bec.

Les **accenteurs** sont des oiseaux agiles, qui vivent d'insectes et de graines. L'accenteur alpin recherche les lieux caillouteux et découverts, situés à une assez grande altitude; l'accenteur mouchet fréquente de préférence les endroits boisés où se trouvent des taillis ou des buissons. Ces oiseaux sont migrateurs, mais peuvent aussi demeurer sédentaires.

Rubiette rossignol.

Les **rubiettes** sont assez répandues en France; elles recherchent les parties les moins épaisses des bois, les parcs, les grands jardins; certaines espèces préfèrent les lieux humides situés à proximité de l'eau. Ce sont, pour la plupart, des oiseaux qui n'ont pas un brillant plumage, mais dont le chant est tout à fait remarquable. C'est d'ailleurs de ce genre que fait partie le rossignol.

Les rubiettes détruisent de grandes quantités d'insectes et, si elles nous mangent parfois quelques fruits, nous devons leur pardonner en considération des éminents services qu'elles nous rendent.

Rubiette rouge-gorge.

Les **bergeronnettes** vivent dans les prairies et les champs, au bord de l'eau, sur les lisières et dans les clairières des bois; la bergeronnette grise et la bergeronnette boarule ne craignent pas de s'approcher des habitations; la bergeronnette printanière est

moins familière, elle s'éloigne des lieux habités et ne va pas non plus dans les bois.

Le vol des bergeronnettes est rapide et facile ; sur le sol, elles marchent légèrement et d'un pas saccadé, en hochant continuellement leur longue queue, c'est pourquoi on les appelle aussi hoche-queue.

Les bergeronnettes font leur nourriture d'insectes, d'araignées ; ce sont des oiseaux migrateurs qui peuvent cependant rester sédentaires.

Les **pipits** sont assez répandus chez nous ; certaines espèces, comme le pipit spioncelle et le pipit obscur, recherchent les endroits arides et secs, les rochers, le bord des ruisseaux et le voisinage des côtes ; d'autres, comme le pipit farlouse et le pipit de Richard, se rencontrent plutôt dans les plaines, les prairies, auprès des marais ; une dernière enfin, le pipit des arbres, se trouve surtout dans les parties les plus claires des bois.

Pipit spioncelle.

Ces oiseaux sont migrateurs ; ils ont le vol rapide et la démarche facile. Ils se nourrissent d'insectes, de vers, d'araignées, et ne mangent qu'exceptionnellement des grains.

Les **alouettes** vivent principalement dans les champs ; l'alouette alpestre se rencontre dans les lieux arides et pierreux ; l'alouette des arbres se montre surtout sur les plateaux des montagnes, dans les bois peu épais. Toutes les espèces nichent à terre.

Le matin, dès leur réveil, les alouettes s'élèvent dans l'air en décrivant des spirales et chantant à plein gosier ; elles montent si haut qu'on les distingue à peine.

Leur nourriture se compose d'insectes, d'araignées, quelquefois elles mangent des graines. Les alouettes émigrent chaque année pendant la saison froide pour revenir chez nous au printemps. A l'époque de leurs migrations on leur fait une chasse active car leur chair est d'une saveur très agréable.

IV. — GRANIVORES.

Les granivores ont le bec court et conique, épais, parfois bombé, d'autres fois croisé. Ils font principalement leur alimentation de matières végétales, graines et fruits, mais mangent également des insectes au printemps.

Il existe en France trente espèces de granivores, que nous réunirons en une seule famille formant onze genres :

Fringillidés

		Longueur.
BRUANT........	Bruant montain (*Emberiza lapponica*)........	0m.15
	Bruant de neige (*Emberiza nivalis*)..........	0m.17
	Bruant proyer (*Emberiza miliaria*)..........	0m.19
	Bruant jaune (*Emberiza citrinella*)..........	0m.17
	Bruant zizi (*Emberiza cirlus*)	0m.16
	Bruant fou (*Emberiza cia*)	0m.16
	Bruant ortolan (*Emberiza hortulana*)........	0m.16
	Bruant des roseaux (*Emberiza schœniculus*)..	0m.15
	Bruant passerine (*Emberiza passerina*)	0m.15
SIZERIN........	Sizerin boréal (*Ægiothus linarius*)	0m.13
	Sizerin cabaret (*Ægiothus rufescens*)	0m.11
CHARDONNERET .	Chardonneret tarin (*Carduelis spinus*)	0m.12
	Chardonneret élégant (*Carduelis elegans*)	0m.14
LINOTTE	Linotte commune (*Linaria cannabina*).......	0m.14
	Linotte de montagne (*Linaria montana*).....	0m.13
	Linotte venturon (*Linaria citrinella*)	0m.13
SERIN	Serin méridional (*Serinus meridionalis*)......	0m.11
PINSON........	Pinson commun (*Fringilla cœlebs*)	0m.17
	Pinson des Ardennes (*Fringilla montifringilla*).............................	0m.18
	Pinson niverolle (*Fringilla nivalis*)..........	0m.19
GROS-BEC......	Gros-bec vulgaire (*Coccothraustes vulgaris*) .	0m.12
BEC-CROISÉ	Bec-croisé commun (*Loxia curvirostra*)......	0m.16
	Bec-croisé perroquet (*Loxia pityopsittacus*)..	0m.18
	Bec-croisé à double bande (*Loxia bifasciata*).	0m.15
BOUVREUIL. ..	Bouvreuil commun (*Pyrrhula rubicilla*)	0m.16
	Bouvreuil dur-bec (*Pyrrhula enucleator*).....	0m.22

		Longueur.
VERDIER.......	Verdier commun (*Ligurinus chloris*).........	0m.15
MOINEAU.......	{ Moineau domestique (*Passer domesticus*).....	0m.15
	{ Moineau friquet (*Passer montanus*)..........	0m.13
	(Moineau soulcie (*Passer stultus*)...........	0m.16

Les **bruants** se rencontrent un peu partout : sur la lisière des bois, dans les champs, les prairies, dans les endroits marécageux parmi les joncs, les roseaux et autres plantes aquatiques ; certaines espèces, comme le bruant de neige et le bruant fou, vivent en été dans les régions escarpées, couvertes d'une végétation chétive, et descendent dans les plaines en hiver. Les bruants construisent leur nid à une petite hauteur, dans une touffe d'herbe, un buisson ou une haie ; quelques-uns nichent dans un creux de rocher ou la cavité d'un mur.

Les bruants se nourrissent d'insectes et de graines ; ils sont donc très utiles au printemps, mais, par contre, ils peuvent devenir nuisibles en au-

Bruant zizi.

tomne. La chair de plusieurs espèces et particulièrement celle de l'ortolan, est très savoureuse, aussi ces oiseaux sont-ils fort recherchés pour la table et périssent-ils victimes de la gourmandise humaine.

Les **sizerins** habitent les bois et les forêts ; on les trouve surtout dans les endroits où croissent des bouleaux et des aunes ; pendant l'hiver, ils viennent parfois jusque dans les villages. Leur vol est rapide et sinueux ; ils nichent ordinairement dans un buisson. Les sizerins vivent de graines et d'insectes.

Les **chardonnerets**, à la brillante livrée, se plaisent dans les endroits boisés, les jardins, les vergers ; on les voit même fréquemment dans les villages. Ce sont des oiseaux vifs et élégants, peu sauvages, dont le chant est très mélodieux et qui supportent parfaitement la captivité. Les chardonnerets nichent sur un arbre ou dans un buisson, souvent même à portée de la main ; ils font

principalement leur nourriture de grains mais ne dédaignent pas les insectes ; le chardonneret élégant fait surtout ses délices des graines du chardon.

Les **linottes** sont assez répandues en France. La linotte commune, au plastron cramoisi, habite les taillis, les vignes, les champs où se trouvent des buissons, et même les jardins ; la linotte de montagne et la linotte venturon préfèrent les lieux élevés et arides ; en hiver seulement elles descendent en plaine. Les linottes nichent sur un buisson ou un arbre de peu de hauteur. Les graines des plantes sauvages forment la base de leur nourriture, aussi ne nous causent-elles que peu de dégâts.

Linotte commune.

Le **serin méridional** se voit surtout dans le midi de la France où il recherche particulièrement les vergers et les jardins fruitiers. C'est un oiseau élégant, vif, actif, au chant clair et mélodieux qu'on élève souvent en cage. En liberté, il niche au milieu du feuillage le plus épais, sur un rameau plus ou moins élevé. Le serin méridional se nourrit de grains de toute espèce, mais ne nous cause pas de dommages appréciables. Sa chair est regardée comme assez délicate par ceux qui ont eu l'occasion de s'en nourrir.

Les **pinsons** habitent les forêts, les jardins et tous les endroits où il y a des arbres ; le pinson des Ardennes se tient, en été, dans les bois et principalement dans ceux où croissent des conifères ; en hiver, il fréquente les champs et s'approche des villages ; le pinson niverolle vit principalement dans les parties neigeuses des Alpes et ne descend dans les plaines que pendant la

Pinson commun.

mauvaise saison, lorsqu'il ne peut plus trouver sa subsistance dans les régions élevées.

Les pinsons, et surtout le pinson commun, sont des oiseaux

chanteurs dont les amateurs font grand cas. Ils vivent de graines et d'insectes et sont plus utiles que nuisibles. Leur nid, artistement construit, est à la fois un chef-d'œuvre de goût et de confortable.

Le **gros-bec vulgaire** fréquente les bois, les forêts, les vergers et les grands jardins ; c'est un oiseau indolent et querelleur, mais excessivement défiant ; son vol, quoique rapide, est lourd et sinueux. Le gros-bec, ou pinson royal, niche sur un arbre ou un arbuste ; au printemps, il se nourrit principalement d'insectes et dévore quantité de hannetons ; en automne, il mange des graines, des fruits tels que les glands, les châtaignes, les baies du sorbier, etc.

Les **becs-croisés** se rencontrent dans les clairières ou sur les lisières des bois de conifères situés dans les régions élevées ; on les voit aussi dans les vergers et les grands jardins. Ils sont caractérisés par la forme du bec dont les pointes se croisent, particularité à laquelle ils doivent leur nom.

Les becs-croisés se nourrissent au printemps d'insectes ; ils débarrassent

Gros-bec vulgaire.

les arbres verts des chenilles qui leur nuisent, mais ils s'attaquent aussi aux bourgeons, et, lorsqu'ils arrivent par bandes nombreuses, ils peuvent être un véritable fléau pour les plantations de conifères. En automne, ils mangent les graines des pins et des sapins ; lors de la maturité des pommes, ils ouvrent ces fruits pour en tirer les pépins dont ils sont friands, aussi faut-il, à cette époque, les éloigner des jardins fruitiers.

Les **bouvreuils** se plaisent dans les lieux boisés ; en hiver, ils viennent jusque dans les vergers et les jardins chercher leur subsistance. Le chant de ces oiseaux est doux et agréable ; ils nichent sur un arbre peu élevé ou dans une haie ; ils se nourrissent de graines et d'insectes, mais ils ne sont pas exempts de tout reproche car ils s'attaquent parfois aux bourgeons de nos arbres à fruits.

Le **verdier commun** habite les endroits les plus clairs des bois et des forêts, les vergers, les grands jardins ; sa livrée est brillante, mais son chant est absolument insignifiant. Le verdier établit son nid sur un arbuste ou dans une haie. Il fait bien de fréquentes incursions dans nos chènevières, mais, si nous retournons la médaille, nous verrons que nous lui devons encore des remerciements car il paye largement son écot en détruisant chenilles et insectes.

Les **moineaux** sont très répandus en France ; le moineau domestique vit dans le voisinage des lieux habités, villes et villages ; le friquet fréquente les bois, les champs et les prairies où sont des arbres ; on le voit aussi à proximité des maisons isolées ; le moineau soulcie préfère les lieux cailloucteux et arides ; il vit également dans les endroits habités.

Les moineaux domestiques n'ont ni élégance ni distinction ; ils portent un simple habit gris sans le moindre ornement ; ils sont gourmands, rusés, narquois, pillards, effrontés, batailleurs ; leur vol est rapide, leur démarche aisée. Les jeunes se nourrissent surtout d'insectes et consomment des quantités considérables de hannetons ; les adultes vivent

Verdier commun.

principalement de graines. Le nid, construit grossièrement, est placé sur un arbre, sous un toit, dans un trou de mur, la cavité d'un rocher, etc.

Bien que l'utilité des moineaux soit chose fort contestable, nous voyons ces oiseaux d'un œil favorable, car ce sont presque les seuls qui ne nous abandonnent pas pendant l'hiver. En second lieu, ils possèdent une qualité précieuse qui leur fait pardonner bien des défauts : ils ont bon cœur.

« Mettez à la portée d'un oiseau de deux mois, dit Fulbert Dumonteil, un moineau de quinze jours enfermé sans une mère, et faites que le captif réclame le secours ou l'assistance publique, le libre n'hésitera jamais à pénétrer dans l'enceinte perfide pour apporter la becquée au prisonnier et faire de la charité maternelle un apprentissage qui lui coûtera la vie. »

V. — COLOMBINS.

Les colombins sont caractérisés par un bec assez long, renflé dans le haut et recouvert d'une peau molle. Ils nourrissent leurs petits en leur dégorgeant un liquide analogue au lait. On en trouve en France cinq espèces principales formant un genre et une famille.

Colombidés

Longueur.

PIGEON..... {
Pigeon ramier (*Columba palumbus*)............ 0m.45
Pigeon colombin (*Columba œnas*)............. 0m.35
Pigeon biset (*Columba livia*)................. 0m.32
Pigeon tourterelle (*Columba turtur*).......... 0m.29
Pigeon voyageur (*Columba migratoria*) 0m.40

Les **pigeons** sont, pour la plupart, très recherchés comme gibier, car leur chair est un mets délicieux. Le ramier, le colombin, la tourterelle et le pigeon voyageur habitent les bois et les forêts de grands arbres, situés à peu de distance des cours d'eau ; ils établissent leur nid dans les branches et les dissimulent aussi bien que possible ; le ramier et le colombin nichent parfois dans un trou d'arbre. Le pigeon biset passe pour être la souche de toutes nos espèces domestiques ; il vit dans le voisinage de la mer et des grands cours d'eau bordés de rochers, il se construit un nid dans une caverne, une fissure de muraille, un clocher, sur le toit d'un édifice, etc.

Pigeon ramier.

Les pigeons, et surtout le pigeon voyageur, ont un vol extrêmement rapide ; à terre leur démarche est aisée. Leur nourriture se compose de différentes sortes de graines; certaines espèces mangent parfois des mollusques et des vers. Ils sont migrateurs, mais on a vu parfois certains individus demeurer sédentaires.

VI. — GALLINACÉS.

Les gallinacés ont la mandibule supérieure du bec recourbée vers l'extrémité; leurs ongles sont voûtés et creux en dessous; leurs ailes sont courtes, de sorte qu'ils volent difficilement.

On compte en France quinze espèces principales de gallinacés que nous répartirons en trois familles comprenant dix genres :

Ptéroclidés

Longueur

GANGA ..... Ganga ordinaire (*Pterocles cata*) 0m.27

SYRRHAPTE. Syrrhapte paradoxal (*Syrrhaptes paradoxus*).

PINTADE ... Pintade numide (*Numida meleagris*).

DINDON .... Dindon vulgaire (*Meleagris gallopavo*).

Tétraonidés

LAGOPÈDE .. { Lagopède d'Écosse (*Lagopus scoticus*).......... 0m.42
Lagopède alpin (*Lagopus alpinus*).......... .. 0m.35

PERDRIX... { Perdrix rouge (*Perdix rubra*) 0m.31
Perdrix grise (*Perdix cinerea*) 0m.31
Perdrix bartavelle (*Perdix saxatilis*)........... 0m.32

TÉTRAS .... { Tétras gélinotte (*Tetrao bonasia*) 0m.35
Tétras lyre (*Tetrao tetrix*) 0m.60
Tétras urogalle (*Tetrao urogallus*)............ 0m.80

CAILLE..... Caille commune (*Coturnix communis*).......... 0m.16

Phasianidés

PAON....... Paon domestique (*Pavo cristatus*).

FAISAN..... Faisan commun (*Phasianus colchicus*)......... 0m.85

COQ........ Coq domestique (*Gallus domesticus*).

Le **ganga ordinaire** ou **gélinotte des Pyrénées** est assez commun dans le midi de la France. Il se nourrit de graines, parfois aussi il mange des insectes.

Le **syrrhapte paradoxal** se plaît dans les lieux découverts, les plaines arides. C'est un oiseau migrateur très sociable ; son vol est rapide ; il niche dans une cavité du sol qu'il creuse lui-même. Le syrrhapte paradoxal se nourrit de graines, de bourgeons et de feuilles. Il ne vient que très irrégulièrement en France.

La **pintade numide** et le **dindon vulgaire** sont des oiseaux domestiques qui ne vivent pas chez nous à l'état sauvage.

Les **lagopèdes** recherchent les lieux accidentés, les régions élevées des montagnes. L'hiver, leur plumage est blanc de neige ; ils établissent leur nid dans une excavation du sol qu'ils creusent eux-mêmes. Les lagopèdes vivent de graines, de fruits charnus, de jeunes pousses et de bourgeons. Ces oiseaux sont très estimés pour leur chair.

Lagopède alpin (livrée d'hiver.)

Les **perdrix** sont un excellent gibier, très recherché des chasseurs ; la perdrix rouge se plaît dans les lieux accidentés ; on la trouve sur les coteaux boisés, dans les buissons, les vignes, les champs cultivés, sur la lisière des bois ; la perdrix grise, assez commune dans le nord de la France, fréquente les plaines cultivées situées à proximité des forêts ou parsemées de buissons et de haies touffues ; la perdrix bartavelle habite les régions arides et élevées ; on ne la rencontre guère que dans le midi de la France ; elle est assez commune en Provence.

Les perdrix sont des oiseaux doux et sociables ; elles construisent leur nid dans une dépression du sol creusée par la femelle, au milieu d'une touffe d'herbe, au pied d'un buisson, dans un champ, une vigne, etc. L'amour maternel est fort développé chez les femelles : chacun connaît les vers charmants de notre grand fabuliste La Fontaine sur ce sujet.

Les perdrix se nourrissent d'insectes, larves, vers, mollusques, graines, baies, jeunes feuilles, bourgeons.

Les **tétras** fréquentent de préférence les bois de sapins et de bouleaux situés dans les régions élevées. Ces oiseaux deviennent malheureusement de plus en plus rares chez nous ; la gelinotte se voit principalement sur les flancs des Alpes, des Vosges, du Jura et des Pyrénées ; le tétras lyre ou petit coq de bruyère ne se rencontre plus guère que dans les Vosges et le Jura ; le tétras urogalle ou grand coq de bruyère habite les parties boisées des Vosges et des Pyrénées.

Les tétras sont un gibier exquis, aussi ont-ils été l'objet d'une chasse active qui les a fait entièrement disparaître de certaines parties de la France ; on ne les trouve plus aujourd'hui qu'accidentellement dans des régions où ils étaient autrefois fort nombreux. Ils se nourrissent d'insectes, vers, baies, jeunes pousses, etc.

La **caille commune** se tient dans les champs cultivés, les prairies, les vignes. Chaque année, elle émigre par bandes nombreuses, mais pendant son séjour dans nos contrées, elle se montre peu sociable. La caille niche dans une cavité du sol creusée par la femelle. Elle se nourrit de bourgeons, de jeunes feuilles, de larves et d'insectes. C'est un excellent gibier.

Tétras lyre.

Le **paon domestique** ne vit chez nous qu'en captivité ; on l'élève pour en faire l'ornement des parcs et des volières.

Le **faisan commun** habite les parties les plus claires des forêts et des bois, recherchant les endroits où croissent des broussailles et des herbes. C'est un oiseau sédentaire et peu sociable, un gibier savoureux qui tend à disparaître. Il niche dans une dépression du sol que la femelle creuse en un endroit parfaitement dissimulé. Le faisan se nourrit de graines, bourgeons, jeunes feuilles, larves, insectes et petits mollusques.

Le **coq domestique** ne se trouve que dans les basses-cours ; comme on le sait, il fournit à l'alimentation une chair excellente et les œufs de la poule entrent pour une large part dans notre nourriture.

VII. — ÉCHASSIERS.

Les échassiers sont caractérisés par de longues jambes, un long cou et un long bec; ils sont presque tous migrateurs. On compte en France environ soixante-dix espèces d'échassiers que nous répartirons en sept familles comprenant vingt-huit genres.

Otidés

		Longueur.
OUTARDE.......	Outarde barbue (*Otis tarda*)...............	1m.10
	Outarde canepetière (*Otis tetrax*)............	0m.45

Glaréolidés

GLARÉOLE.....	Glaréole à collier (*Glareola torquata*)	0m.25

Charadriidés

COURT-VITE	Court-vite isabelle (*Cursorius gallicus*)	0m.26
OEDICNÈME.....	OEdicnème criard (*OEdicnemus scolopax*).....	0m.45
PLUVIER.......	Pluvier doré (*Charadrius apricarius*)	0m.27
	Pluvier guignard (*Charadrius morinellus*) ...	0m.32
	Pluvier hiaticule (*Charadrius hiaticula*).....	0m.18
	Pluvier des Philippines (*Charadrius dubius*).	0m.14
	Pluvier de Kent (*Charadrius cantianus*)	0m.15
VANNEAU	Vanneau varié (*Vanellus squatarola*)........	0m.28
	Vanneau huppé (*Vanellus vulgaris*)..........	0m.33
HUÎTRIER......	Huîtrier pie (*Hæmatopus ostralegus*)........	0m.42

Scolopacidés

TOURNEPIERRE..	Tournepierre à collier (*Strepsilas interpres*).	0m.21
SANDERLING....	Sanderling des sables (*Calidris arenaria*)....	0m.16
FLAMMANT.....	Flammant rose (*Phœnicopterus roseus*)	1m.40

Longueur·

ÉCHASSE......	Échasse blanche (*Himantopus Plinii*)	0m.47
RÉCURVIROSTRE.	Récurvirostre avocette (*Recurvirostra avocetta*)	0m.48

BARGE.........
- Barge à queue noire (*Limosa belgica*)........ 0m.42
- Barge rousse (*Limosa lapponica*)............ 0m.35
- Barge térek (*Limosa cinerea*) ....:. 0m.20

CHEVALIER.....
- Chevalier aboyeur (*Totanus glottis*)......... 0m.34
- Chevalier brun (*Totanus fuscus*)............ 0m.30
- Chevalier stagnatile (*Totanus stagnatilis*).... 0m.24
- Chevalier gambette (*Totanus gambetta*)...... 0m.28
- Chevalier sylvain (*Totanus glareola*) 0m.22
- Chevalier cul-blanc (*Totanus ochropus*) 0m.21
- Chevalier guignette (*Totanus hypoleucos*).... 0m.18
- Chevalier grivelé (*Totanus macularius*) 0m.18
- Chevalier semi-palmé (*Totanus semipalmatus*) 0m.40

COMBATTANT ...   Combattant commun (*Machetes pugnax*) 0m.30

BÉCASSEAU.....
- Bécasseau platyrhynque (*Tringa pygmaea*)... 0m.15
- Bécasseau cocorli (*Tringa subarquata*)....... 0m.20
- Bécasseau variable (*Tringa alpina*)......... 0m.19
- Bécasseau violet (*Tringa maritima*)........ 0m.21
- Bécasseau minute (*Tringa minuta*).......... 0m.13
- Bécasseau de Temminck (*Tringa Temminckii*) 0m.13
- Bécasseau canut (*Tringa canutus*)........... 0m.25

MACRORHAMPHE.   Macrorhamphe gris (*Macrorhamphus griseus*).

BÉCASSE.......
- Bécasse sourde (*Scolopax minima*).......... 0m.19
- Bécasse bécassine (*Scolopax gallinago*)...... 0m.27
- Bécasse double-bécassine (*Scolopax media*).. 0m.29
- Bécasse commune (*Scolopax rusticula*)...... 0m.35

COURLIS.......
- Courlis cendré (*Numenius arquata*)......... 0m.58
- Courlis à bec grêle (*Numenius tenuirostris*).. 0m.43
- Courlis corlieu (*Numenius phæopus*)......... 0m.40

Ardéidés

IBIS	Ibis falcinelle (*Ibis falcinellus*).............	0m.60
GRUE	Grue cendrée (*Grus communis*).............	1m.35

CIGOGNE.......
- Cigogne blanche (*Ciconia alba*)............. 1m.20
- Cigogne noire (*Ciconia nigra*) .... 1m.

SPATULE.......   Spatule blanche (*Platalea leucorodia*) 0m.70

Longueur.

HÉRON........	Héron cendré (*Ardea cinerea*)..............	1m.
	Héron pourpré (*Ardea purpurascens*)........	0m.8C
	Héron aigrette (*Ardea alba*)...............	1m.05
	Héron garzette (*Ardea garzetta*)............	0m.55
	Héron crabier (*Ardea ralloides*)............	0m.42
	Héron bihoreau (*Ardea nycticorax*)..........	0m.53
	Héron garde-bœufs (*Ardea bubulcus*)........	0m.45
	Héron butor (*Ardea stellaris*)	0m.65
	Héron blongios (*Ardea ardeola*)............	0m.35

Rallidés

RÂLE	Râle d'eau (*Rallus aquaticus*)..............	0m.25
	Râle des genêts (*Rallus crex*)..............	0m.24
	Râle marouette (*Rallus porzana*)...........	0m.20
	Râle de Baillon (*Rallus pusillus*)...........	0m.18
	Râle poussin (*Rallus parvus*)..............	0m.18
POULE D'EAU...	Poule d'eau commune (*Gallinula chloropus*) .	0m.35
FOULQUE.......	Poule sultane (*Fulica porphyrio*)...........	0m.45
	Foulque macroule (*Fulica atra*).............	0m.40

Phalaropidés

PHALAROPE.....	Phalarope hyperboré (*Phalaropus cinereus*)..	0m.18
	Phalarope platyrhynque (*Phalaropus fulica-*	
	rius).....................................	0m.23

Les **outardes**, aujourd'hui assez rares dans nos contrées, fréquentent surtout les plaines sèches cultivées; elles vivent généralement en petites bandes. Ces oiseaux ont le vol rapide et d'apparence facile; sur le sol, ils courent avec une très grande agilité. Les outardes nichent dans une petite excavation creusée dans la terre par la femelle. Elles se nourrissent d'insèctes, de larves, de vers, ainsi que de jeunes feuilles, de bourgeons et de graines. C'est un gibier très estimé, mais très méfiant et devenu assez rare.

La **glaréole à collier** habite le voisinage de la mer, des cours d'eau et des marais. Elle vole avec une grande aisance et court avec vitesse en hochant continuellement la queue. La glaréole niche dans une dépression naturelle du sol; elle vit principalement d'insèctes, de larves et de vers.

Le **court-vite isabelle** se plaît dans les lieux arides, sablonneux et caillouteux. Cet oiseau doit son nom à la rapidité avec laquelle il se meut sur le sol; son vol est facile. Le court-vite dépose ses œufs dans une cavité qu'il creuse dans la terre; il fait en majeure partie sa nourriture d'insectes et de larves.

Outarde canepetière.

L'**œdicnème criard** fréquente les plaines sèches, sablonneuses, arides. C'est au crépuscule qu'il va à la recherche de sa nourriture qui se compose de souris, campagnols, mulots, grenouilles, reptiles, insectes, larves et vers. Il se montre extrêmement vorace et se gave souvent à tel point qu'il lui est impossible de faire un mouvement. Au reste, nous ne devons pas nous plaindre de cette avidité grâce à laquelle l'œdicnème nous débarrasse d'un nombre considérable d'animaux nuisibles. Comme il supporte fort bien la captivité, il serait facile et profitable de l'acclimater dans les jardins.

Les **pluviers** sont des oiseaux fort recherchés pour la table car leur chair est très savoureuse. Le pluvier doré fréquente les lieux marécageux, les prairies et les champs humides; le pluvier guignard préfère les endroits secs des régions élevées; le pluvier hiaticule et le pluvier de Kent se tiennent dans le voisinage des côtes maritimes sablonneuses; le

Pluvier doré.

pluvier des Philippines se rencontre sur les rives des cours d'eau et des lacs.

Les pluviers ont le vol élégant et rapide, la démarche vive et gracieuse; leur nourriture se compose principalement d'insectes, de larves, de vers, et de mollusques.

Les **vanneaux** se rencontrent dans le voisinage des marais, dans les prairies humides situées à proximité de l'eau. Le vanneau huppé se voit quelquefois aussi dans les lieux arides et sablonneux. Les vanneaux sont d'un naturel sociable. Ils volent avec aisance et courent assez rapidement. Ils nichent dans une petite cavité creusée ordinairement sur un monticule du terrain. Les vanneaux font leur nourriture d'insectes, larves, vers, mollusques. Leur chair, très délicate, est estimée à l'égal de celle des pluviers. Un dicton bien connu en fait foi :

> Qui n'a mangé ni pluvier ni vanneau
> N'a jamais mangé bon morceau.

L'**huîtrier pie** habite principalement les côtes maritimes pierreuses, le bord des lacs, des marais, des étangs et des cours d'eau. Il est remuant et batailleur; son vol est facile et soutenu; sur le sol il court avec rapidité; il peut nager, mais il s'éloigne peu du bord. L'huîtrier construit son nid dans une petite excavation creusée dans le sol. Il se nourrit presque uniquement de mollusques.

Le **tournepierre à collier** fréquente le bord de la mer; il préfère les plages sablonneuses et caillouteuses. C'est un oiseau très vif, vivant ordinairement par couples. Il fait son alimentation habituelle de mollusques, vers et crustacés.

Le **sanderling des sables** se voit sur les côtes maritimes. Il est d'un naturel très doux; son vol est facile et direct, sa démarche élégante. Il niche au bord de l'eau dans une excavation du sol. Le sanderling fait sa nourriture de mollusques, crustacés et vers.

Le **flammant rose** n'habite en France que les parties marécageuses de la Camargue. Il est très sociable. Son nid, construit en terre, présente l'aspect d'un tronc de cône dont la base supérieure serait concave; pour couver, la femelle se met à cheval dessus, les jambes pendantes. La nourriture du flammant se compose en majeure partie de mollusques, de vers et d'insectes.

L'**échasse blanche** se rencontre dans les marais, sur le bord des lacs, des étangs, des mares et surtout dans le sud de la France. Son vol est rapide et gracieux; son pas, bien que lent, né manque pas d'élégance. L'échasse niche dans une excavation creusée sur une éminence du sol. Elle vit d'insectes, larves, vers, mollusques, œufs de grenouilles, petits poissons, etc.

Le **récurvirostre avocette** se plaît sur le littoral de la mer et le long de l'embouchure des fleuves. On le voit généralement par bandes, mais il est peu répandu. Ses pattes sont palmées, aussi nage-t-il assez facilement. Le récurvirostre avocette ne niche guère que dans le midi de la France. Il se nourrit de crustacés, vers, insectes, larves.

Échasse blanche.

Les **barges** préfèrent les lieux humides et marécageux. Leur vol est facile et léger; elles marchent avec aisance. Ce sont des oiseaux migrateurs qui se nourrissent de vers, mollusques, œufs de poissons, œufs de grenouilles, insectes et larves.

Les **chevaliers** habitent le bord des eaux douces: cours d'eau, lacs, étangs, mares, marais; la plupart recherchent les endroits découverts et les lieux vaseux. Ils sont agiles et nagent généralement fort bien. Les chevaliers sont plus ou moins sociables; leur nid, placé dans une dépression du sol, est très bien dissimulé. Ils vivent de mollusques, petits poissons, têtards de grenouilles, vers, insectes et larves.

Chevalier gambette.

Le **combattant commun** se plaît dans les marais et les lieux humides; il est bien connu par son naturel batailleur. Pendant la plus grande partie du jour, le combattant se repose; c'est au crépuscule qu'il va à la recherche de sa nourriture qui consiste essentiellement en crustacés, mollusques, vers, insectes et larves.

Les **bécasseaux** fréquentent les endroits vaseux des eaux douces et des eaux salées ; certaines espèces affectionnent le littoral, d'autres se plaisent dans le voisinage des eaux douces. Les bécasseaux volent rapidement en rasant fréquemment la surface du sol ou de l'eau ; ils courent avec facilité. Ces oiseaux nichent auprès de l'eau, dans une petite cavité du sol cachée au milieu des herbes. Ils vivent de crustacés, mollusques, vers, insectes et larves.

Combattant commun.

Le **macrorhamphe gris** se rencontre dans les prairies humides, les marais, sur les côtes maritimes, au bord des lacs et des étangs. Son vol est rapide mais dure peu ; il nage assez aisément. Le macrorhamphe établit son nid dans une dépression du terrain qu'il tapisse de feuilles. Sa nourriture se compose de mollusques, vers, insectes et larves.

Les **bécasses** se plaisent dans les prairies et les champs humides, les endroits marécageux où croissent des herbes ; la bécasse commune préfère les lieux ombragés et se rencontre souvent dans les parties buissonneuses et humides des bois.

Bécasseau variable.

Les bécasses sont des oiseaux généralement peu sociables. Les chasseurs en font grand cas, car elles sont un de nos plus fins gibiers, surtout en automne lorsqu'elles sont grasses. Elles se nourrissent de mollusques, vers, insectes, larves et graines.

Les **courlis** habitent le voisinage de l'eau ; le courlis cendré et le courlis corlieu se rencontrent fréquemment sur les côtes maritimes ; ils pénètrent aussi à l'intérieur des terres et fréquentent le

bord des lacs et des rivières ainsi que les prairies découvertes
et humides; le courlis à bec grêle se voit surtout auprès des eaux
douces. Les courlis sont très sociables; leur
vol et leur démarche sont faciles; ils nagent
assez aisément. Le nid de ces oiseaux consiste en une cavité du sol, tapissée d'herbes et de feuilles mortes et habilement dis-
simulée au milieu des plantes environnantes.
Ils se nourrissent de poissons, crustacés,
mollusques, vers, insectes, larves, et quelquefois aussi de baies.

Bécasse bécassine.

L'ibis falcinelle se voit aux environs des
marais, sur le bord des étangs vaseux où
croissent des joncs et des roseaux. C'est un
oiseau vif, très sociable. Le vol de l'ibis est
élevé, mais peu rapide; sur le sol il marche
lentement en faisant de grandes enjambées. Son nid est placé soit
sur un arbre, soit dans un buisson, soit même à terre. L'ibis fait
sa nourriture de reptiles, poissons, mollusques, crustacés, vers,
insectes et larves.

La grue cendrée fréquente les champs cultivés peu éloignés
des marécages, ainsi que les parties claires et les plus humides
des bois. Elle est très sociable et émigre par bandes nombreuses,
qui volent en formant un triangle gigantesque. La grue niche à
terre, sur un monticule entouré de plantes herbacées, et vit de
petits mammifères, lézards, grenouilles, mollusques, vers, insectes, larves, et surtout de substances végétales de toute espèce :
fruits charnus, graines, etc.

Les cigognes sont aujourd'hui assez rares en France; la cigogne
blanche se plaît dans les prairies marécageuses ou peu éloignées
des cours d'eau; elle pénètre même dans les villes et villages où
l'on ne cherche pas à l'inquiéter; la cigogne noire habite les bois
et les forêts humides traversées par un cours d'eau ou qui renferment des étangs ou des marais; elle ne s'approche pas des lieux
habités et montre en toute occasion une grande méfiance. Les
cigognes volent peu rapidement mais avec facilité; leur démarche
est lente et majestueuse. Le nid de la cigogne blanche est placé
sur un arbre de grande taille, sur une cheminée, une tour, un

toit; celui de la cigogne noire est presque toujours construit sur un arbre élevé, souvent sur un pin ou un sapin. Les cigognes se nourrissent de petits mammifères, jeunes oiseaux, reptiles, grenouilles, poissons, crustacés, mollusques, vers, insectes et larves. Elles sont plus utiles que nuisibles.

La **spatule blanche** se rencontre à proximité de l'eau, sur les bords bourbeux des lacs, des étangs, des marais, du littoral et des rivières; elle recherche de préférence les endroits découverts. C'est un oiseau fort doux, très sociable, remarquable par la forme curieuse de son bec, aplati et élargi à l'extrémité. Le nid de la spatule est construit sur un arbre ou dans un buisson, parfois même à terre au milieu des herbes. La spatule fait sa nourriture de poissons, œufs de poissons, crustacés, mollusques, vers, insectes, larves, plantes aquatiques.

Les **hérons** habitent le voisinage des eaux de toutes sortes; certaines espèces se plaisent auprès des eaux claires, d'autres préfèrent les eaux bourbeuses; quelques-unes affectionnent le littoral, plusieurs ne se voient que dans l'intérieur des terres. Le héron garde-bœufs est l'espèce la moins répandue; il ne se montre que rarement chez nous et toujours dans les provinces du Midi.

Les hérons sont plus ou moins sociables; tous volent fort bien et marchent avec aisance. Disons ici que quelques-uns, tels que le héron pourpré, le héron bihoreau, le héron butor, le héron blongios sont crépusculaires et nocturnes et ne vont à la recherche de leur subsistance qu'à la chute du jour.

Le nid des hérons est construit soit sur un arbre, soit dans un buisson, soit à terre parmi les hautes herbes. Ces échassiers se nourrissent principalement de reptiles, grenouilles, têtards, poissons, crustacés, mollusques, vers et insectes. Certaines espèces, et particulièrement le héron cendré, le héron pourpré, le butor et le bihoreau sont certainement plus nuisibles qu'utiles et doivent être détruites en toute occasion.

Héron cendré.

Les **râles** sont des oiseaux craintifs, qu'on trouve à proximité des

eaux sur le bord desquelles croissent des buissons et des grandes
herbes; ils volent lourdement en rasant la terre, mais courent
avec agilité; ils sont crépusculaires et nocturnes. Les râles nichent
sur le sol, auprès de l'eau, au milieu des joncs et des roseaux.
Ils vivent de mollusques, vers, insectes et larves; en hiver ils se
nourrissent surtout de graines. Bien qu'ils ne causent aucun dom-
mage on les détruit pour se nourrir de leur chair qui est très
savoureuse.

La **poule d'eau** commune se plaît auprès des petits cours d'eau,
des étangs, des lacs, des marais, bordés de buissons et de plantes
aquatiques. Elle est douce, tranquille, très prudente et vit généralement par couples. Son vol n'est pas très facile, mais elle
marche aisément et nage fort bien. Le nid de cette espèce est
placé dans un endroit humide et formé d'herbes entrelacées. La
poule d'eau se nourrit de mollusques, vers, insectes, graines et
plantes vertes qu'elle recherche à l'aube ou au crépuscule. Sa
chair est assez estimée.

Les **foulques** vivent dans le voisinage des marais et des eaux
stagnantes, bordés de joncs et de roseaux; elles sont très
sociables. Le vol des foulques est assez pénible, mais elles nagent
et plongent parfaitement. Le nid, formé de végétaux entrelacés,
est placé au milieu de plantes aquatiques. Ces échassiers font leur
nourriture de mollusques, vers, insectes, larves, graines, jeunes
feuilles.

Les **phalaropes** fréquentent le littoral et toutes les eaux situées
à peu de distance de la mer, mais ne viennent qu'irrégulièrement en France; leur vol est rapide, leur démarche aisée; ils
nagent avec facilité. Ils nichent dans une petite dépression du
sol, au milieu des herbes; leur nourriture consiste en crustacés,
vers, insectes et matières végétales.

En résumé, la plupart des échassiers sont des oiseaux inoffensifs qu'il n'y a pas lieu d'inquiéter. Quelques-uns, tels que les
cigognes, l'œdicnème criard, etc., nous rendent même de très
grands services en détruisant reptiles, rongeurs et insectes; il en
est bien, comme les hérons, qui se nourrissent également de poissons et nous causent ainsi quelque préjudice, mais c'est le plus
petit nombre.

VIII. — PALMIPÈDES.

Le caractère distinctif des palmipèdes est d'avoir les doigts palmés, c'est-à-dire réunis par une membrane formant rame, ce qui les rend essentiellement propres à la natation ; le plumage, épais, est recouvert d'un enduit gras qui empêche l'eau de le mouiller et de pénétrer jusqu'à la peau.

Certains de ces oiseaux, admirablement conformés pour le vol, vivent presque constamment au-dessus de la pleine mer, à des distances des côtes parfois considérables, et s'endorment sur l'eau pour prendre du repos.

On trouve en France environ quatre-vingt-dix espèces de palmipèdes qui peuvent être réparties en six familles formant vingt et un genres.

Laridés

		Longueur
STERNE	Sterne épouvantail (*Sterna nigra*)	0m.25
	Sterne leucoptère (*Sterna leucoptera*)	0m.24
	Sterne moustac (*Sterna leucopareia*)	0m.26
	Sterne naine (*Sterna minor*)	0m.22
	Sterne pierre-garin (*Sterna major*)	0m.40
	Sterne paradis (*Sterna paradisea*)	0m.38
	Sterne de Dougall (*Sterna Dougalli*)	0m.37
	Sterne caugek (*Sterna cantiaca*)	0m.43
	Sterne hansel (*Sterna anglica*)	0m.34
	Sterne tschégrava (*Sterna caspia*)	0m.55
GOÉLAND	Goéland de Sabine (*Larus Sabinei*)	0m.35
	Goéland pygmée (*Larus albus*)	0m.27
	Goéland rieur (*Larus ridibundus*)	0m.38
	Goéland tridactyle (*Larus trydactilus*)	0m.38
	Goéland sénateur (*Larus eburneus*)	0m.44
	Goéland cendré (*Larus canus*)	0m.42
	Goéland leucoptère (*Larus leucopterus*)	0m.53
	Goéland bourgmestre (*Larus glaucus*)	0m.70
	Goéland argenté (*Larus cinereus*)	0m.60
	Goéland railleur (*Larus argentatus*)	0m.45
	Goéland brun (*Larus fuscus*)	0m.55
	Coéland marin (*Larus marinus*)	0m.65
	Goéland atricille (*Larus atricilla*)	0m.40

Longueur.

STERCORAIRE...
Stercoraire longicaude (*Stercorarius longi-caudus*)..................................... 0m.58
Stercoraire de Richardson (*Stercorarius parasiticus*)........................... 0m.60
Stercoraire pomarin (*Stercorarius striatus*). 0m.55
Stercoraire cataracte (*Stercorarius fuscus*).. 0m.58

Procellariidés

PÉTREL........ Pétrel glacial (*Procellaria cinerea*)......... 0m.43

PUFFIN ....
Puffin majeur (*Puffinus gravis*)............ 0m.50
Puffin des Anglais (*Puffinus Anglorum*).... 0m.35
Puffin fuligineux (*Puffinus griseus*)........ 0m.45
Puffin obscur (*Puffinus obscurus*)........... 0m.27

THALASSIDROME.
Thalassidrome des tempêtes (*Thalassidroma pelagica*)................................ 0m.15
Thalassidrome de Leach (*Thalassidroma leucorrhoa*)................................ 0m.16

ALBATROS...... Albatros hurleur (*Diomedea albatrus*) 1m.30

Pélécanidés

PÉLICAN....... Pélican blanc (*Pelecanus onocrotalus*)....... 2m

FOU .... Fou de Bassan (*Sula bassana*)............. 0m.85

CORMORAN .....
Cormoran commun (*Phalacrocorax carbo*).. 0m.75
Cormoran huppé (*Phalacrocorax minor*).... 0m.55
Cormoran pygmée (*Phalacrocorax pygmæus*). 0m.50

Anatidés

OIE............
Oie cendrée (*Anser ferus*).................. 0m.80
Oie des moissons (*Anser sylvestris*)........ 0m.80
Oie à bec court (*Anser brachyrhynchus*) 0m.65
Oie rieuse (*Anser albifrons*)............... 0m.70
Oie bernache (*Anser erythropus*) 0m.62
Oie cravant (*Anser bernicla*).............. 0m.55
Oie à cou roux (*Anser ruficollis*).......... 0m.69
Oie d'Égypte (*Anser ægyptiacus*)........... 0m.65
Oie des neiges (*Anser niveus*) 0m.72

CYGNE... .,....
Cygne sauvage (*Cygnus ferus*)............. 1m.60
Cygne de Berwick (*Cygnus Berwickii*)...... 1m.25
Cygne tuberculé (*Cygnus mansuetus*)....... 1m.45

		Longueur.
CANARD.......	Canard tadorne (*Anas tadorna*)............	0m.60
	Canard souchet (*Anas clypeata*)............	0m.47
	Canard sauvage (*Anas boscas*)........	0m.55
	Canard pilet (*Anas acuta*)	0m.60
	Canard chipeau (*Anas strepera*)............	0m.52
	Canard siffleur (*Anas Penelope*)............	0m.49
	Canard sarcelle (*Anas querquedula*)	0m.36
	Canard sarcelline (*Anas crecca*)............	0m.32
	Canard formose (*Anas formosa*)	0m.50
FULIGULE	Fuligule garrot (*Fuligula clangula*)........	0m.50
	Fuligule de Miquelon (*Fuligula hyemalis*) ..	0m.50
	Fuligule milouinan (*Fuligula marila*).......	0m.50
	Fuligule milouin (*Fuligula ferina*)	0m.47
	Fuligule morillon (*Fuligula latirostra*)	0m.42
	Fuligule nyroca (*Fuligula nyroca*)..........	0m.42
	Fuligule roussâtre (*Fuligula rufina*)	0m.56
	Fuligule eider (*Fuligula mollissima*)........	0m.65
	Fuligule à tête grise (*Fuligula spectabilis*)...	0m.63
	Fuligule macreuse (*Fuligula nigra*)........	0m.50
	Fuligule brune (*Fuligula fusca*)...........	0m.53
	Fuligule à lunettes (*Fuligula perspicillata*)..	0m.50
	Fuligule couronnée (*Fuligula leucocephala*).	0m.51
HARLE........	Harle bièvre (*Mergus merganser*)..........	0m.68
	Harle huppé (*Mergus serrator*)	0m.58
	Harle piette (*Mergus albellus*)............	0m.43

Colymbidés

PLONGEON......	Plongeon imbrim (*Colymbus maximus*).....	0m.75
	Plongeon lumme (*Colymbus arcticus*).......	0m.70
	Plongeon cat-marin (*Colymbus minor*)......	0m.60

GRÈBE.........	Grèbe huppé (*Podiceps cristatus*)..........	0m.55
	Grèbe jougris (*Podiceps vulgaris*)..........	0m.38
	Grèbe esclavon (*Podiceps minor*)..........	0m.33
	Grèbe à cou noir (*Podiceps auritus*)	0m.35
	Grèbe castagneux (*Podiceps fluviatilis*).....	0m.25

Alcidés

GUILLEMOT.....	Guillemot troïle (*Uria lomvia*)............	0m.43
	Guillemot grylle (*Uria grylle*)...	0m.35
MERGULE	Mergule nain (*Mergulus alle*)............	0m.22
MACAREUX	Macareux moine (*Fratercula arctica*).......	0m.30
PINGOUIN.......	Pingouin macroptère (*Alca torda*).........	0m.38

Les **sternes**, appelées encore hirondelles de mer, sont des oiseaux très sociables, au vol puissant et rapide, mais qui ne plongent jamais. La plupart des espèces se rencontrent sur les côtes maritimes; quelques-unes préfèrent le bord des eaux douces, fleuves, rivières, lacs, étangs, marais, où croissent des plantes aquatiques; nous citerons parmi ces dernières : la sterne épouvantail, la sterne leucoptère et la sterne moustac. Ces trois espèces établissent leur nid au bord de l'eau, sur des plantes flottantes; les espèces maritimes nichent soit dans une cavité du sol, soit sur un rocher.

Sterne pierre-garin.

Les sternes se nourrissent principalement de poissons, crustacés, vers et insectes.

Les **goélands** ou **mouettes** habitent surtout le littoral; quelques espèces cependant se voient aussi sur le bord des fleuves, des rivières et des lacs, parfois assez éloignés des côtes. Ces oiseaux nichent pour la plupart dans une petite excavation du sol; certains se construisent un nid sur des plantes aquatiques flottantes; d'autres l'établissent sur un rocher, une falaise, parfois même sur un arbre. Les goélands sont d'excellents voiliers; ils vivent en général de poissons, crustacés, mollusques, vers, insectes, larves et débris

Goéland argenté.

animaux de toute espèce; quelques-uns mangent même quelquefois des œufs et des oiseaux.

Les **stercoraires** fréquentent les côtes; on les trouve aussi dans le voisinage des fleuves, des rivières, des marais, situés à peu de distance de la mer; ils vivent en société et nichent dans une petite dépression du terrain. Les stercoraires sont très voraces et font leur nourriture de toute espèce d'aliments : poissons, crustacés, mollusques, vers, insectes, larves, œufs, oiseaux, fruits charnus, etc.

Le **pétrel glacial** se plaît dans la pleine mer ; on le voit souvent à de grandes distances des côtes où il n'aborde que rarement. Il est très sociable : son vol est gracieux et puissant, mais sa démarche lourde et difficile. Le pétrel niche dans une cavité, sur un rocher ou une falaise, toujours à proximité de la mer. Il vit de poissons, crustacés, mollusques et débris organiques de toute sorte.

Les **puffins** habitent la mer, souvent à des distances très grandes du littoral où ils ne viennent guère qu'à l'époque de la ponte. L'œuf unique, qui compose la couvée annuelle, est déposé sur le rivage, dans une cavité du sol naturelle ou creusée par le mâle ou la femelle. Les puffins se nourrissent de poissons, crustacés, mollusques, algues et de débris animaux ou végétaux.

Les **thalassidromes** se plaisent dans les mers agitées et, sauf au moment de la ponte, viennent peu sur le rivage. Ce sont des oiseaux au vol rapide et soutenu, dont les mœurs sont surtout nocturnes. Leur nid est placé sur un rocher ou une falaise ; ils font leur nourriture de poissons, crustacés, mollusques, etc. Après les tempêtes, on les voit apparaître par bandes nombreuses qui volent en rasant les flots.

Thalassidrome des tempêtes.

L'**albatros hurleur** habite le littoral et la pleine mer. Il est assez sociable ; c'est un voilier puissant. L'albatros établit son nid dans une cavité du sol qu'il tapisse d'herbes et de feuilles. Il vit de poissons, mollusques, crustacés, ainsi que de matières organiques de toute espèce.

Le **pélican blanc** n'est de passage qu'exceptionnellement en France, mais les captures faites chez nous sont assez nombreuses pour que nous puissions le classer parmi les espèces françaises. Il est facilement reconnaissable à la mandibule inférieure de son

bec sous laquelle pend une grande poche extensible. Le pélican fréquente le bord des fleuves, des lacs, les côtes maritimes. Il se nourrit presque exclusivement de poisson.

Le **fou de Bassan** fréquente la pleine mer et les côtes maritimes; son vol est rapide et puissant, sa démarche lourde et pénible; pour plonger, il se laisse tomber d'une assez grande hauteur dans les flots. Le fou de Bassan niche au bord de la mer, sur un rocher, une falaise. Les poissons forment la base de son alimentation.

Oie cendrée.

Les **cormorans** habitent principalement le voisinage de la mer; le cormoran commun et le cormoran pygmée se voient aussi à proximité des eaux douces, riches en poisson. Les cormorans volent très bien et plongent fréquemment; à terre, ils avancent d'une façon maladroite. Le nid de ces oiseaux est construit sur un rocher de l'océan, une falaise, un arbre, dans un buisson, ou même directement sur le sol. Ils font presque exclusivement leur nourriture de poisson. On les dresse aisément à la pêche, mais il faut avoir soin de leur mettre un anneau autour du cou pour les empêcher d'avaler leur proie.

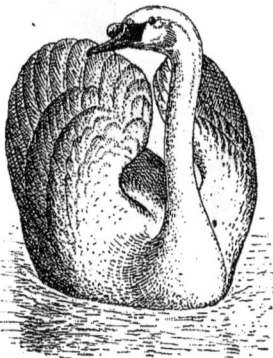

Cygne sauvage.

Les **oies** se plaisent dans les prairies et les champs peu éloignés de l'eau; certaines espèces recherchent les eaux douces des fleuves, des rivières, des étangs, des marais; d'autres affectionnent surtout l'eau salée de la mer et des lagunes. Les oies se réunissent par bandes; elles volent assez

rapidement, nagent et plongent avec facilité. Leur nid, placé
généralement au bord de l'eau, est dissimulé parmi les hautes
herbes. Les oies vivent surtout de graines, de substances végétales et broutent volontiers l'herbe des
prés ; elles mangent aussi des mollusques, des vers, des insectes et des
larves.

Les **cygnes** se rencontrent dans
les lieux où se trouvent des cours
d'eau, des lacs, des étangs, des marais ; on les voit aussi sur les côtes
maritimes. Les cygnes sont très sociables ; ils volent rapidement et nagent
avec grâce, mais leur démarche est
maladroite. Leur nid est construit à
terre, près de l'eau, au milieu des

Canard sauvage.

plantes aquatiques. Ils font leur nourriture de substances végétales, de grenouilles, poissons, mollusques, vers, insectes.

Les **canards** habitent tous les lieux où ils peuvent trouver de
l'eau ; plusieurs espèces préfèrent les
eaux douces, d'autres les eaux salées ;
la plupart fréquentent indifféremment
les unes et les autres. Les canards
volent très bien et nagent parfaitement. Ils nichent généralement à
terre au bord de l'eau, mais on a vu
certaines espèces prendre parfois
possession d'un terrier de lapin ou
de renard abandonné pour y déposer
leurs œufs ; il en est aussi qui s'établissent dans un nid d'oiseau ou le

Canard sarcelle.

creux d'un saule. Les canards vivent de graines, herbes, grenouilles, poissons, frai de grenouilles et de poissons, crustacés,
mollusques, vers, insectes, etc.

Les **fuligules** ont des mœurs analogues à celles des canards ; il
en est qui se plaisent particulièrement au bord de la mer, d'autres
qui recherchent de préférence les eaux douces. La plupart volent
assez bien, nagent et plongent avec facilité, mais marchent lour-

dement. Les fuligules nichent le plus souvent à terre, dans une cavité du sol située près de l'eau, parmi les joncs et les herbes, quelquefois à l'abri d'un arbre ou d'un buisson. Les fuligules se nourrissent de matières végétales, de grenouilles, poissons, crustacés, mollusques, vers, insectes, etc.

Les **harles** se voient en France en hiver, époque de leur passage; on les trouve dans le voisinage des cours d'eau, des lacs, des côtes maritimes. Le nid de ces oiseaux est placé soit dans une excavation du sol, soit dans la cavité d'un rocher ou d'un arbre. Lorsqu'ils nagent, leur corps est presque entièrement immergé. Les harles vivent de poissons, crustacés, mollusques, vers et insectes.

Harle huppé.

Les **plongeons** sont des oiseaux maritimes qui se plaisent sur les rivages et dans la pleine mer; ils sont peu sociables; ils volent et nagent parfaitement mais éprouvent une telle difficulté pour marcher qu'ils sont obligés de s'aider du bec et des ailes. Les plongeons établissent leur nid dans une cavité du sol située près de l'eau; ils font presque exclusivement leur nourriture de poissons.

Les **grèbes** fréquentent les cours d'eau, les étangs, les lacs, ainsi que le littoral; ils volent facilement et ne marchent qu'avec la plus grande peine. Ils n'ont pas les doigts palmés dans toute leur longueur, mais l'extrémité en est élargie, de sorte qu'ils ont néanmoins toute facilité pour nager. Les grè-

Plongeon imbrim.

bes se construisent un nid assez volumineux, flottant à la surface de l'eau et retenu au bord. Ils vivent de grenouilles, poissons, crustacés, mollusques, insectes, larves, substances végétales, etc.

Les plumes du grèbe huppé sont très recherchées et servent à faire des sortes de fourrures blanches nacrées, d'un fort bel effet.

Les **guillemots** se plaisent dans la pleine mer et ne viennent que rarement sur le rivage, où ce n'est guère qu'en hiver qu'on peut les rencontrer ; ils sont assez sociables et très doux ; ils ne construisent pas de nid, et, chaque année,

Grèbe huppé.

la femelle dépose son œuf dans une fente de rocher. Les guillemots se nourrissent de poissons, crustacés, mollusques et vers.

Le **mergule nain** habite la haute mer, et, sauf à l'époque de la ponte, ne vient qu'accidentellement sur les côtes. Il vole rapidement et plonge très bien; sa démarche est assez leste. La femelle pond chaque année l'œuf unique, dont se compose la couvée, dans une fissure de rocher, à proximité de l'eau. Le mergule fait sa nourriture de poissons, mollusques et crustacés.

Le **macareux moine** fréquente la pleine mer et ne vient qu'exceptionnellement sur le rivage; comme tous les palmipèdes, il nage avec la plus grande facilité. Les macareux nichent au bord de la mer, en sociétés nombreuses, dans une sorte de terrier

Pingouin macroptère.

creusé par le mâle et la femelle. Ils vivent de poissons, de frai, de crustacés et de mollusques.

Le **pingouin macroptère** habite la pleine mer et le littoral ; il

est très sociable, vole et nage dans la perfection mais marche
assez lourdement. Au repos il se tient dans la position verticale,
comme le plongeon d'ailleurs, et son attitude est loin d'être gracieuse. Tous les ans, la femelle pond un seul œuf dans une fissure
de rocher. Le pingouin fait sa nourriture de poissons, crustacés,
mollusques, etc.

Martin-pêcheur commun.

LES REPTILES

Les reptiles sont des animaux à respiration pulmonaire et à température variable ; ils passent l'hiver en léthargie et subissent des mues ou changements de peau.

Les reptiles sont ovipares et ovovivipares, c'est-à-dire qu'ils se multiplient soit en pondant des œufs qui écloront ultérieurement, soit en mettant au monde des petits vivants, mais qui proviennent d'un œuf éclos dans le sein même de la mère.

La France possède une trentaine d'espèces de reptiles que l'on peut classer en trois ordres :

1. *Chéloniens.*   2. *Sauriens.*   3. *Ophidiens.*

I. — CHÉLONIENS.

Les chéloniens ou tortues ont le corps renfermé dans une carapace qui ne laisse sortir que la tête, les pattes et la queue. Cette carapace est formée de deux pièces soudées l'une à l'autre : la *dossière* ou *bouclier* et le *plastron*. Les yeux des tortues ont trois paupières ; leur bouche, dépourvue de dents, est armée d'une sorte de bec corné. Elles ont quatre membres.

Les tortues pondent des œufs recouverts d'une coquille calcaire.

On a observé en France sept espèces de chéloniens qu'on peut répartir en quatre genres et trois familles :

Chersites

		Longueur.
TORTUE........ {	Tortue grecque (*Testudo græca*)...........	0m.30
	Tortue mauresque (*Testudo mauritanica*) ...	0m.30

Thalassites

		Longueur.
Sphargis......	Sphargis luth (*Sphargis coriacea*).........	2m.
Chélonée..... {	Chélonée franche (*Chelonia viridis*)........	2m.
	Chélonée Caouanne (*Chelonia caouana*).....	1m.50
	Chélonée Caret (*Chelonia imbricata*).......	1m.50

Elodites

Cistude........	Cistude d'Europe (*Cistudo europæus*).......	0m.35

Les **tortues terrestres** ou **chersites** ont une carapace très bombée ; leurs pattes ont cinq doigts ; les pattes postérieures ne possèdent que quatre ongles. En réalité, une seule espèce devrait être considérée comme vraiment française, c'est la tortue grecque qu'on rencontre dans les endroits sableux où elle aime à se chauffer au soleil. La tortue mauresque a été importée d'Algérie ; on ne la trouve qu'en captivité dans les jardins.

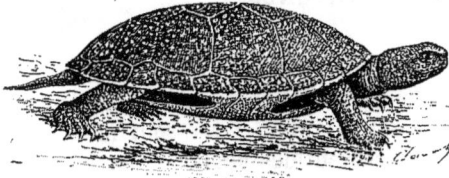

Cistude d'Europe.

La tortue grecque habite principalement le midi de la France ; elle se nourrit de substances végétales, mollusques, vers, insectes. A l'approche des froids, elle se creuse dans le sol un trou où elle s'engourdit jusqu'au retour de la belle saison.

Les **tortues de mer** ou **thalassites** ne sont citées ici qu'à titre d'indication, car elles ne doivent pas être regardées, à proprement parler, comme faisant partie de la faune française ; toutefois, celles que nous avons mentionnées précédemment sont assez souvent capturées sur nos côtes et fournissent à l'alimentation une chair excellente ; aussi nous a-t-il paru utile d'en dire quelques mots.

Les thalassites sont, pour la plupart, des animaux de grande taille pouvant peser plusieurs centaines de kilogrammes, qui se nourrissent de végétaux aquatiques, crustacés et mollusques.

Les **tortues de marais** ou **élodites** ne sont représentées chez nous que par une espèce : la cistude d'Europe.

La cistude d'Europe se plaît dans les étangs et les marais vaseux de peu de profondeur ; on la rencontre principalement dans le midi de la France. Elle nage rapidement ; pendant la mauvaise saison, elle s'enterre au fond des marécages et des étangs dont elle sort au printemps. La cistude d'Europe fait sa nourriture de petits poissons, mollusques, vers, insectes. Ses œufs, allongés et tachés de gris, sont pondus dans une petite excavation qu'elle creuse avec sa queue et ses pattes postérieures ; elle les recouvre ensuite de terre afin de dissimuler l'endroit où ils sont enfouis.

II. — SAURIENS.

Les sauriens ou lézards ont le corps allongé, terminé par une queue relativement longue ; leur peau est chagrinée ou écailleuse ; ils ont pour la plupart quatre pattes ; leurs yeux sont munis de paupières ; leurs mâchoires présentent des dents ; enfin ils sont ovipares.

Nos espèces françaises peuvent être groupées en trois familles comprenant sept genres :

Geckotiens

		Longueur.
PLATYDACTYLE..	Platydactyle des murailles (*Platydactylus muralis*)................................	0m.14
HÉMIDACTYLE...	Hémidactyle verruculeux (*Hemydactylus verruculatus*)............................	0m.12

Lacertiens

	Lézard ocellé (*Lacerta ocellata*)...	0m.45
	Lézard vert (*Lacerta viridis*)..............	0m.35
LÉZARD........	Lézard des souches (*Lacerta stirpium*)	0m.20
	Lézard vivipare (*Lacerta vivipara*)	0m.15
	Lézard gris (*Lacerta muralis*)..............	0m.20
PSAMMODROME..	Psammodrome d'Edwards (*Psammodromus hispanicus*)	0m.12

		Longueur.
ACANTHODACTYLE {	Acanthodactyle vulgaire (*Acanthodactylus vulgaris*)	0m.20

Scincoidiens

| SEPS.......... | Seps chalcide (*Seps chalcis*) .... | 0m.40 |
| ORVET........ | Orvet fragile (*Anguis fragilis*) .... | 0m.40 |

Le **platydactyle des murailles** habite surtout nos provinces méridionales où il recherche les vieux murs et les rochers ; il

Platydactyle des murailles.   Lézard gris.

pénètre même dans les caves et se montre assez familier lorsqu'on ne l'inquiète pas. Les mœurs de ce reptile sont nocturnes ; c'est à la chute du jour qu'il fait la chasse aux insectes, lesquels forment la base de son alimentation ; pendant la journée il se retire dans une fissure de mur, sous une pierre où il reste immobile. Le platydactyle des murailles pond ses œufs entre des pierres, laissant à la chaleur du soleil le soin de les faire éclore. Il détruit quantité d'insectes, araignées, chenilles ; c'est donc un animal essentiellement utile.

L'hémidactyle verruculeux, comme l'espèce précédente, se rencontre principalement dans le midi de la France. C'est. aussi un saurien de mœurs nocturnes qui fait sa nourriture d'insectes et qui se plaît dans les vieux murs et les rochers, le long desquels il grimpe avec agilité.

Les lézards recherchent en général les endroits bien exposés ; ils aiment à se réchauffer aux rayons du soleil ; on ne les voit pas lorsqu'il pleut ou que la température est basse. Le lézard ocellé préfère les terrains sablonneux ; le lézard vert et le lézard des souches se rencontrent surtout sur les lisières et dans les clairières des bois, parmi les buissons et les bruyères ; le lézard vivipare se voit également dans les lieux montagneux et dans les plaines humides ; le lézard gris se trouve partout : sur les murailles, dans les jardins, les vignes, les plaines arides, etc. Les lézards ont l'habitude de se creuser à l'aide de leurs pattes et de leur museau une sorte de terrier dans lequel ils se retirent ; c'est à l'intérieur de ce terrier qu'ils passent l'hiver dans un état d'engourdissement complet. Ces animaux vivent d'insectes de toutes sortes ; ils déposent généralement leurs œufs sous des pierres ou dans un trou ; ceux du lézard vivipare éclosent quelques minutes après la ponte.

Chacun connaît la facilité avec laquelle la queue des lézards se brise et la particularité curieuse qu'elle présente de repousser après avoir été rompue.

Le psammodrome d'Edwards habite les côtes de la Méditerranée ; il se plaît dans les dunes et les sables ; son trou, peu profond, est creusé au pied d'une touffe d'herbes ; il s'y réfugie à la moindre alerte en courant avec une telle rapidité que l'œil a peine à le suivre. Le psammodrome d'Edwards se nourrit essentiellement d'insectes ; c'est un animal utile.

L'acanthodactyle vulgaire se rencontre principalement dans le midi de la France ; il préfère les endroits cailouteux et ensoleillés. Comme les espèces précédentes il vit d'insectes ; ses mouvements sont si rapides qu'il peut s'emparer des moucherons qui se posent à peu de distance de lui.

Le seps chalcide est remarquable par la faible longueur de ses pattes dont il ne se sert que pour marcher lentement ; lorsqu'il veut avancer avec rapidité, il a recours à la reptation. Ce reptile

a été longtemps considéré comme un animal dangereux ; en réalité, il est tout à fait inoffensif et nous rend au contraire des services en détruisant quantité d'insectes, araignées, petits mollusques et autres bestioles nuisibles. Le seps chalcide met au monde
des petits vivants ; on le voit
surtout dans le Midi où il fréquente les prairies.

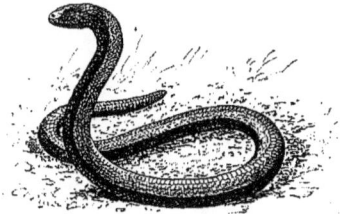

L'orvet fragile ou serpent
de verre est complètement
apode; il est commun dans
toute la France et se plaît dans
les endroits secs et pierreux ainsi
que dans les bois et les prés. Il
se creuse avec sa tête et sa
queue un trou qui lui sert de refuge. Il fait sa nourriture d'insectes, vers, petits mollusques. L'orvet fragile est ovovivipare ; il doit
son nom à la facilité avec laquelle sa queue se brise au moindre
choc.

Orvet fragile.

III. — OPHIDIENS.

Les ophidiens n'ont pas de pattes ; leur mâchoire inférieure a
ses deux branches libres, de sorte que la bouche est très dilatable;
la langue, parfois prise pour un dard, est bifide et possède une
gaine. A l'époque de la mue, la vieille peau se détache d'une seule
pièce. Les ophidiens sont ovipares ou ovovivipares ; leurs œufs
ont une coque molle parcheminée.

On compte en France treize espèces principales d'ophidiens,
qu'on peut répartir en sept genres et cinq familles.

Isodontiens

		Longueur
RHINECHIS......	Rhinechis à échelons (*Rhinechis scalaris*)...	1m.70
ÉLAPHE........ {	Élaphe d'Esculape (*Elaphis Œsculapii*).....	1m.60
	Élaphe à quatre raies (*Elaphis quaterra-diatus*).................................	2m.

Syncrantériens

Longueur.

TROPIDONOTE ...	Tropidonote à collier (*Tropidonotus natrix*). Tropidonote vipérin (*Tropidonotus viperi-* *nus*) .... Tropidonote Tessellé (*Tropidonotus tessel-* *latus*).	1m.70 1m.
CORONELLE.	Coronelle lisse (*Coronella lœvis*)........... Coronelle bordelaise (*Coronella girundica*) .	0m.80 0m.78

Diacrantériens

ZAMENIS	Zaménis vert-jaune (*Zamenis viridiflavus*)..	1m.20

Psammophidés

CŒLOPELTIS....	Cœlopeltis maillé (*Cœlopeltis insignitus*)....	0m.80

Vipériens

VIPÈRE	Vipère aspic (*Vipera aspis*) .... Vipère péliade (*Pelias berus*).............. Vipère ammodyte (*Vipera ammodytes*)	0m.70 0m.65 0m.65

Le **rhinechis à échelons** ou **couleuvre à échelons**[1] habite les endroits arides et ensoleillés du midi de la France. Cette espèce est très irascible et mord lorsqu'on cherche à s'en emparer. Elle est reconnaissable à deux longues bandes noires, parallèles, situées sur le dos et réunies entre elles par d'autres transversales placées à égale distance les unes des autres. La couleuvre à échelons, bien qu'elle ne soit pas venimeuse et se nourrisse souvent de petits rongeurs, doit être considérée comme nuisible, car elle dévore un grand nombre d'oiseaux utiles.

Les **élaphes** se rencontrent principalement dans nos provinces méridionales ; ce sont des couleuvres de grande taille, non veni-

---

1. Le rhinechis, les élaphes, les tropidonotes, les coronelles, le zaménis et le cœlopeltis sont des serpents non venimeux qu'on désigne généralement sous le nom de couleuvres.

meuses, qui fréquentent les buissons et les broussailles croissant
dans les lieux caillouteux et arides. Les élaphes se nourrissent
surtout de petits rongeurs, de taupes, de lézards et d'oiseaux.

Les **tropidonotes** sont des reptiles inoffensifs qui recherchent

Tropidonote à collier.

les prairies humides et le voisinage de l'eau ; le tropidonote
à collier est la plus répandue
des couleuvres qui habitent
notre pays. Les tropidonotes
nagent avec facilité ; ils font
leur nourriture de batraciens,
poissons, vers, insectes, et ne
dédaignent pas les petits mammifères et les oiseaux.

Les **coronelles** se plaisent dans les terrains pierreux, secs,
arides, couverts de broussailles. De même que les espèces précédentes, elles ne sont pas venimeuses. Les coronelles sont ovovivi-

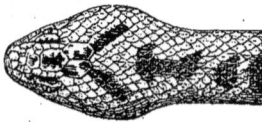

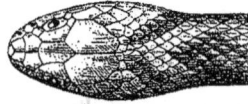

Vipère péliade.

Tropidonote vipérin.

pares. Elles vivent de petits reptiles, tels que lézards et orvets,
d'insectes, parfois aussi elles avalent des petits mammifères.

Le **zaménis vert-jaune** fréquente les endroits secs, caillouteux
et bien exposés du Midi. Il grimpe facilement sur les buissons et
les arbres et mange les jeunes oiseaux qu'il trouve dans les nids;
il se nourrit également de lézards, orvets, crapauds. Il est très
irascible, mais sa morsure ne présente aucun danger. La ponte a
lieu en juin ou juillet, dans un trou bien abrité.

Le **cœlopeltis** ou **couleuvre maillée** préfère les sols arides et
pierreux exposés au soleil. Cet ophidien vit de rongeurs, lézards

et trop souvent aussi de petits oiseaux. Bien qu'il possède des crochets munis d'une gouttière, le cœlopeltis ne cause pas d'accidents par sa morsure.

Les **vipères** ne portent à la mâchoire supérieure que des crochets ou dents venimeuses, lesquels sont percés d'un canal dans toute leur longueur ; ce canal communique avec la glande à venin située sous la peau, en arrière de l'œil. Au repos les crochets sont cachés par une gaine de la gencive.

Zaménis vert-jaune.

Quand l'animal veut en faire usage, il les redresse et frappe de la tête en ouvrant largement la bouche ; la glande est comprimée en même temps par les muscles et le venin pénètre instantanément dans la plaie. Ce venin est sans effet sur les animaux inférieurs : annélides, mollusques, sur certaines reptiles et quelques mammifères.

Les vipères fuient l'homme et ne piquent que si elles sont attaquées ou surprises. Elles sont reconnaissables à leur tête élargie en arrière, leur cou étroit, leur queue courte ; elles sont ovovivipares.

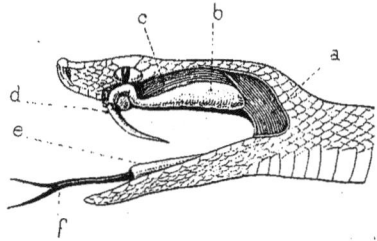

Appareil venimeux de la vipère.

a, muscle qui relie les mâchoires ; b, glande à venin ; c, muscle resserrant la glande à venin ; d, crochet percé du canal à venin ; e, fourreau de la langue ; f, langue.

Pendant le jour, les vipères se tiennent immobiles, sous la mousse, au milieu des branches et des broussailles ; c'est après le coucher du soleil qu'elles sortent de leur engourdissement pour se mettre à l'affût d'une proie, car elles ne poursuivent jamais les animaux dont elles se nourrissent.

Lorsqu'on a été piqué par une vipère, il faut tout d'abord débrider la plaie, avec un canif propre, et la sucer (si toutefois on n'a aucune écorchure aux lèvres ou dans la bouche), puis faire une ligature au-dessus de la blessure et cautériser celle-ci avec un fer rouge, par exemple. On absorbera ensuite de fortes doses de liqueurs alcooliques : eau-de-vie, rhum, cognac.

On préconise également comme remède contre le venin la thériaque, l'huile d'olive, l'ammoniaque, l'eau de Luce. Le permanganate de potasse, entre les mains de M. Lacerda, a, paraît-il, donné de fort bons résultats.

Les vipères, malgré la chasse acharnée qu'on leur fait, sont encore très répandues dans certaines parties de la France, aussi a-t-on alloué des primes dans quelques départements pour encourager la destruction de ces dangereux reptiles. En 1865, le conseil général de la Côte-d'Or a accordé une somme de 7 848 fr. 30 pour 26 161 vipères tuées, à raison de 0 fr. 30 par animal. Dans les Deux-Sèvres, on aurait payé 13 965 fr. 50, en primes de 0 fr. 25, de 1864 à 1868; dans ce seul département, 55 462 vipères auraient donc été détruites en cinq années.

Vipère aspic.

LES BATRACIENS

Les batraciens ont la peau lisse, sans écailles; la respiration, branchiale chez les jeunes, est pulmonaire chez les adultes; la peau sert également à l'assimilation de l'oxygène. Les batraciens sont d'abord aquatiques et plus tard amphibies; leur sang est froid; leurs œufs, gélatineux, sont enveloppés d'une sorte de mucosité à travers laquelle sortent les jeunes animaux ou têtards, mucosité qui forme leur première nourriture. Ces têtards passent successivement par diverses formes qui constituent leurs métamorphoses.

Les batraciens qui habitent la France peuvent être classés en deux ordres :

1. *Anoures.*   2. *Urodèles.*

I. — ANOURES.

Les anoures ont à l'état adulte deux paires de membres propres à la natation; les postérieurs sont beaucoup plus développés que les antérieurs et organisés pour le saut. Les anoures pondent dans l'eau des œufs sphériques réunis en cordons; les têtards qui en sortent ont une longue queue et ne possèdent pas de membres; au bout de quelque temps les branchies disparaissent et la tête se confond avec le corps. Les membres postérieurs se montrent ensuite, puis les antérieurs percent la peau pendant que la queue disparaît et que la bouche s'agrandit. Au moment de la mue, ces batraciens avalent leur vieille peau [1].

---

[1] « L'anoure, dit Lataste, change de peau comme une femme de chemise. Sa vieille défroque, absorbant l'eau par endosmose, se gonfle, se tend et crève sur la tête et sous la gorge. Par cette ouverture il passe d'abord un bras, puis l'autre. Avec l'aide de ses mains il retourne son vêtement et le fait glisser en arrière le long du corps. Il sort enfin ses culottes et se met en devoir d'avaler toute sa garde-robe. »

La France possède douze espèces d'anoures qui peuvent être réparties en sept genres et trois familles :

Hylæformes

		Longueur de corps.
RAINETTE	Rainette verte (*Hyla viridis*)	0m.035

Raniformes

GRENOUILLE....	Grenouille verte (*Rana viridis*).............	0m.07
	Grenouille rousse (*Rana fusca*).............	0m.07
	Grenouille agile (*Rana agilis*).............	0m.06
PÉLODYTE......	Pélodyte ponctué (*Pelodytes punctatus*).....	0m.035
ALYTE	Alyte accoucheur (*Alytes obstetricans*)......	0m.05
PÉLOBATE......	Pélobate brun (*Pelobates fuscus*).	
	Pélobate cultripète (*Pelobates cultripes*).	
SONNEUR	Sonneur igné (*Bombinator igneus*)..........	0m.04

Bufoniformes

CRAPAUD.......	Crapaud commun (*Bufo vulgaris*).........	0m.08
	Crapaud des joncs (*Bufo calamita*)........	0m.08
	Crapaud vert (*Bufo viridis*)...............	0m.08

La **rainette verte** se plaît dans les arbres sur lesquels elle peut grimper par une série de bonds, et se maintenir à l'aide des disques formant ventouse, situés à l'extrémité de ses doigts. La rainette verte a la propriété de changer de couleur; elle prend la teinte des objets sur lesquels elle se pose, de sorte qu'il est assez difficile de la distinguer. Cette espèce vit de mouches et autres petits insectes; elle hiverne dans la vase. Le mâle, lorsqu'il chante, gonfle son goître, qui devient alors relativement énorme. La rainette verte est commune partout; elle vit bien en captivité.

Les **grenouilles** recherchent les bois et les prairies humides situés à peu de distance de l'eau; la grenouille rousse et la grenouille agile sont plus terrestres que la grenouille verte; néanmoins, ces trois espèces ont des mœurs à peu près analogues.

Les grenouilles se nourrissent d'insectes, vers, limaces et mangent aussi du frai de poisson. La grenouille verte est particulièrement recherchée pour l'alimentation.

Le **pélodyte ponctué** est assez répandu en France; il porte sur les côtés du corps de petites verrues qui sécrètent un liquide blanchâtre, d'odeur fétide, qu'on a considéré comme un venin. Le pélodyte est plutôt terrestre qu'aquatique; ses mœurs sont nocturnes; il fait principalement sa nourriture d'insectes.

L'**alyte accoucheur** doit son nom à l'habitude qu'a le mâle de recueillir, au moment de la ponte, les œufs de la femelle réunis en chapelets pour les porter entortillés autour de ses

Métamorphoses d'une grenouille.

jambes postérieures et les mettre à l'eau au moment de l'éclosion. Cet anoure est nocturne; il habite les vieilles carrières, où il se creuse un refuge, et ne va qu'exceptionnellement à l'eau. L'alyte accoucheur se rencontre assez communément dans notre pays; il vit surtout d'insectes.

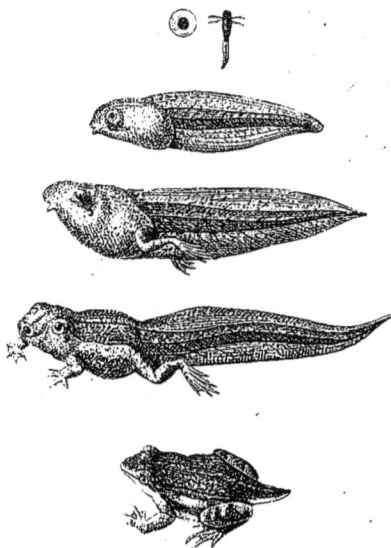

Alyte accoucheur.

Les **pélobates** sont des batraciens terrestres; le jour ils se tiennent cachés dans des trous qu'ils se creusent dans les dunes et les berges; au crépuscule, ils se mettent à la poursuite des insectes qui composent leur nourriture; ils ne vont à l'eau qu'à l'époque de la ponte.

Le **sonneur igné** se plaît au bord des eaux stagnantes; on le trouve dans presque toute la France; le dessous de son corps est d'une jolie couleur feu. Les pustules de ce batracien sécrètent un venin sans effet sur l'homme; il vit d'insectes, vers, petits mollusques.

Les **crapauds** sont les plus disgracieux des anoures; leurs formes sont lourdes, leur peau visqueuse est couverte de petites aspérités qui sécrètent un venin inoffensif pour l'homme. Quand on les saisit, ils éjaculent, comme les autres anoures d'ailleurs, un liquide aqueux, contenu dans la vessie, mais qui ne présente aucun danger. Pendant le jour, les crapauds se tiennent dans un trou ou sous des pierres; ils sortent au crépuscule pour aller à la recherche des insectes dont ils se nourrissent exclusivement.

En résumé, tous les anoures sont des animaux utiles qui, en raison des nombreux insectes dont ils nous débarrassent, ont droit à notre protection. Longtemps le crapaud a été persécuté à cause de son aspect disgracieux et repoussant; aujourd'hui, au contraire, on le respecte et il est même devenu l'objet d'un véritable commerce; un sac de crapauds est une richesse pour un jardinier.

II. — URODÈLES.

A l'inverse des anoures, les urodèles conservent leur queue à l'état adulte; ils ont quatre membres à peu près d'égale longueur et, s'ils viennent à en perdre un accidentellement, celui-ci ne tarde pas à repousser. Les urodèles ont des dents aux mâchoires et au palais. Ils ne pondent pas toujours dans l'eau; quelques-uns sont vivipares.

A leur naissance, ces animaux ressemblent à de petits poissons. Leurs branchies sont placées extérieurement de chaque côté de la tête; elles se résorbent plus tard quand les poumons se développent.

La voix des urodèles est peu développée ; leurs mues sont fréquentes ; on en trouve en France huit espèces environ, formant deux genres et une famille :

Salamandridés

		Longueur.
SALAMANDRE ...	Salamandre terrestre (*Salamandra maculosa*)	0m.20
	Salamandre noire (*Salamandra atra*)	0m.05
TRITON	Triton à crête (*Triton cristatus*)............	0m.13
	Triton marbré (*Triton marmoratus*)........	0m.07
	Triton de Blasius (*Triton Blasii*)..........	0m.10
	Triton alpestre (*Triton alpestris*)..........	0m.10
	Triton lobé (*Triton lobatus*)...............	0m.08
	Triton palmé (*Triton palmatus*)	0m.07

Les **salamandres** sont assez répandues dans notre pays ; la salamandre terrestre se plaît dans les endroits humides et sombres ; la salamandre noire recherche également les lieux frais et ombragés, mais fréquente surtout les régions élevées des Alpes. Pendant le jour, les salamandres se tiennent cachées sous les pierres, entre les racines ; elles sortent quelquefois par les temps pluvieux, mais c'est principalement à la tombée de la nuit qu'elles se mettent à la recherche

Salamandre terrestre.

de leur nourriture, composée de petits crustacés, mollusques, vers et insectes. Ces batraciens vont rarement à l'eau.

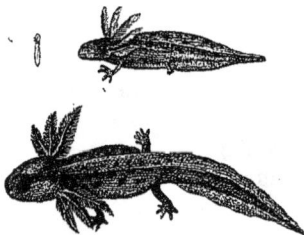
Têtards de triton.

Les **tritons** habitent les eaux limpides, dont le fond est garni de plantes aquatiques qui leur servent de réfuge ; pendant la belle saison, ils sortent de l'eau et vont se chercher une retraite sous les pierres et les racines. Les mâles portent une crête sur le dos. Les femelles pondent des œufs soit isolés, soit réunis en grappes et les déposent sur des végétaux aquatiques.

Les tritons muent fréquemment pendant leur séjour dans l'eau, mais ces mues n'ont pas lieu à des époques fixes. Ils vivent de petits mollusques, vers, insectes et lorsque la nourriture leur manque, ils se dévorent parfois entre eux.

Triton marbré.

LES POISSONS

Les poissons sont des animaux à sang froid qui vivent dans l'eau et y respirent l'air qui s'y trouve en dissolution au moyen d'organes spéciaux appelés branchies. L'eau pénètre par la bouche et, lorsque les gaz respirables ont été assimilés, elle sort par des orifices appelés ouïes, placés de chaque côté de la tête. Les membres, quand ils existent, sont transformés pour la natation et constituent les nageoires. Lorsque les nageoires sont au complet, on compte : deux nageoires pectorales qui correspondent aux membres antérieurs des vertébrés aériens, deux nageoires ventrales représentant les membres postérieurs, deux nageoires dorsales, une nageoire anale et une nageoire caudale.

Chez les poissons, le cœur ne possède que deux cavités ; la circulation est dite incomplète.

Les espèces qui ont été capturées sur les côtes et dans les cours d'eau de France sont excessivement nombreuses, mais il en est beaucoup qui n'ont été observées qu'accidentellement ou dont l'habitat est très localisé, et que nous passerons sous silence.

Nous ne nous occuperons donc que des espèces les plus répandues ; nous les classerons avec M. le Dr E. Moreau dans les neuf ordres suivants dont un, celui des Chimères, ne rentre pas dans notre cadre :

1. *Sélaciens.*   4. *Lophobranches.*   7. *Apodes.*
2. Chimères.   5. *Plectognathes.*   8. *Cyclostomes.*
3. *Sturioniens.*   6. *Chorignathes.*   9. *Amphioxiens.*

I. — SÉLACIENS.

Les sélaciens sont caractérisés par un corps souvent allongé et de forme arrondie, parfois raccourci et aplati ; leur peau est généralement chagrinée et hérissée de petites aspérités, bien qu'elle puisse être aussi entièrement lisse. Leur tête varie quant à la forme; mais les deux mâchoires sont articulées l'une à l'autre. Chez ces poissons on remarque parfois autour de la bouche des cartilages dits cartilages labiaux.

Nous citerons trente espèces principales de sélaciens qu'on peut répartir en quinze familles formant dix-sept genres :

Scylliidés

Longueur.

ROUSSETTE..... { Grande roussette (*Scyllium canicula*) 1m.30
{ Petite roussette (*Scyllium catulus*)........... 0m.95

Alopécidés

RENARD........ Renard (*Alopias vulpes*)................... 3m.50

Lamnidés

LAMIE .... Lamie long-nez (*Lamna cornubica*)....... ... 2m.

OXYRHINE...... { Oxyrhine de Spallanzani (*Oxyrhina Spallan-
zanii*)................................. 3m.

CARCHARODONTE. Carcharodonte lamie (*Carcharodon lamia*)... 4m.

Mustélidés

EMISSOLE ...... { Emissole commune (*Mustelus vulgaris*)...... 1m.50
{ Emissole lisse (*Mustelus lævis*) 1m.25

Galéidés

MILANDRE...... Milandre chien (*Galeus canis*).............. 1m.25

Zygénidés

MARTEAU ...... Marteau commun (*Zygæna malleus*)........ 2m.50

Carcharidés

REQUIN........ Requin bleu (*Carcharius glaucus*)........... 2m.

Notidanidés

Longueur.

HEXANCHE...... Hexanche griset (*Hexanchus griseus*)....... 3m.

Spinacidés

AIGUILLAT...... { Aiguillat commun (*Acanthias vulgaris*)....... 0m.60
Aiguillat de Blainville (*Acanthias Blain-villii*).................................. 0m.60

Scymnidés

SCYMNE........ Liche commune (*Scymnus lichia*)........... 1m.25

Squatinidés

SQUATINE...... Squatine ange (*Squatina angelus*)........... 1m.25

Torpédidés

TORPILLE...... Torpille marbrée (*Torpedo marmorata*)...... 0m.75

Raiidés

RAIE.......... { Raie bouclée (*Raia clavata*)................ 0m.90
Raie au bec pointu (*Raia oxyrhynchus*)...... 0m.95
Raie au long bec (*Raia macrorhynchus*)..... 1m.75
Raie batis (*Raia batis*).................... 1m.65
Raie blanche (*Raia alba*).................. 1m.75
Raie à petits yeux (*Raia microcellata*)....... 0m.75
Raie à queue courte (*Raia brachyura*)....... 0m.95
Raie miraillet (*Raia miraletus*).............. 0m.50
Raie ponctuée (*Raia punctata*).............. 0m.55
Raie étoilée (*Raia asterias*)............. .... 0m.85
Raie ondulée (*Raia undulata*)............... 0m.85

Myliobatidés

MYLIOBATE .... Myliobate aigle (*Myliobatis aquila*)......... 1m.15

Trygonidés

PASTENAGUE.... Pastenague commune (*Trigon vulgaris*)..... 1m.20

Les **roussettes** sont communes sur toutes nos côtes; elles sont très voraces et vivent par bandes, faisant la chasse aux poissons, crustacés et mollusques; elles suivent parfois les bancs de harengs et en dévorent des quantités considérables; elles sont très redoutées des pêcheurs, car elles déchirent fréquemment les filets à l'aide de leurs dents coupantes pour s'emparer des poissons retenus captifs. La chair des roussettes est comestible, mais peu recherchée, en raison de sa dureté; leur foie peut, dit-on, s'il est mangé, occasionner des désordres graves dans l'organisme. La peau de ces animaux, après avoir été séchée, est employée par les menuisiers pour polir les objets en bois.

Grande roussette.

Le **renard** se trouve sur toutes les côtes de France et principalement sur celles de la Méditerranée. Ce squale est remarquable par la longueur de sa queue qui égale celle du tronc. Il se nourrit principalement de poisson et fait dans les bancs de harengs des brèches énormes. La chair du renard est comestible.

Le **lamie long-nez** habite surtout la Méditerranée et l'Océan; c'est l'un des squales les plus voraces; il chasse en petites troupes, détruisant un grand nombre de poissons et ne craignant pas de s'attaquer à des espèces presque aussi grosses que lui. La chair des lamies est réputée assez agréable au goût.

L'**oxyrhine de Spallanzani** ne se voit guère que sur les côtes de la Méditerranée; cette espèce se rapproche beaucoup du lamie long-nez; elle a des mœurs analogues et la forme générale du corps est à peu près la même.

Le **carcharodonte lamie** fréquente principalement les côtes
méditerranéennes ; c'est un squale d'une extrême voracité, essentiellement carnassier, qui s'attaque même à l'homme. Le carcharodonte lamie, assure-t-on, peut peser jusqu'à 2 000 kilogrammes.

Les émissoles
sont beaucoup
moins carnassiè-
res que les squa-
les dont nous ve-
nons de parler.
On peut s'en as-
surer, d'ailleurs,
par l'examen des
dents qui, chez
ces animaux,
sont petites, pla-

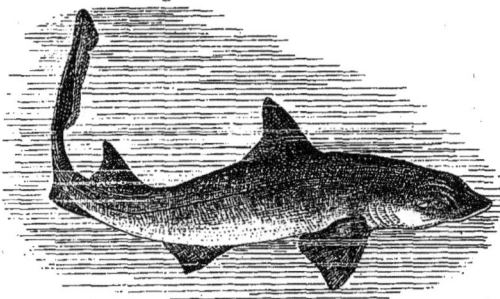

Émissole lisse.

tes, disposées en pavé. L'émissole commune fréquente toutes nos
côtes, tandis que l'émissole lisse se tient plus particulièrement
dans la Méditerranée. Ces sélaciens vivent de crustacés et de mollusques ; leur chair est assez délicate.

Marteau commun.

Le **milandre chien** habite toutes nos côtes ; il porte souvent
préjudice aux pêcheurs en effrayant les poissons qui sont sur le
point de se laisser prendre aux amorces ; malgré sa petite taille,
il est très dangereux pour l'homme qu'il poursuit avec acharne-

ment. Rondelet rapporte que le milandre est tellement avide de chair humaine que, lorsqu'un homme parvient à lui échapper en prenant pied sur la terre ferme, il s'élance à sa suite et vient tomber sur le rivage.

Le **marteau**, sans être très commun, se trouve sur toutes les côtes de la France; il est remarquable par la forme de sa tête, dont la largeur dépasse celle du corps. Le marteau se plaît dans les fonds vaseux; il se nourrit de poissons et affectionne tout particulièrement les raies. Sa chair est coriace et peu recherchée.

Le **requin bleu** habite principalement la Méditerranée et l'Océan. C'est surtout au milieu de juin qu'on le trouve sur nos côtes où il cause de grands dommages aux pêcheurs en se jetant dans les filets destinés à prendre la sardine, le hareng ou le maquereau. Le requin bleu est vorace et féroce : il recherche les grosses proies et montre une prédilection toute particulière pour la chair de l'homme ; il livre parfois aux individus de sa propre espèce des combats acharnés.

L'hexanche griset se rencontre surtout dans la Méditerranée; il est assez commun à Nice. La femelle met bas des petits vivants plusieurs fois par an. La chair de l'hexange est dure et sans saveur.

Les **aiguillats** sont assez répandus dans le voisinage de nos côtes; l'espèce la plus connue est l'aiguillat commun. Ces animaux chassent par troupes nombreuses et poursuivent les petits poissons, dont ils font une grande consommation ; les jeunes suivent les adultes, bien qu'ils soient trop faibles pour faire eux-mêmes des victimes.' Lorsqu'on veut le saisir, l'aiguillat se recourbe en arc et se détend soudain

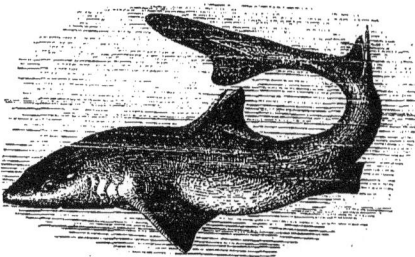

Aiguillat commun.

pour percer la main qui le touche au moyen des épines situées en avant de chacune de ses nageoire dorsales. La chair de ce squale n'est guère estimée, cependant les Écossais s'en nourrissent après l'avoir fait sécher.

La **liche commune** habite principalement la Méditerranée et le golfe de Gascogne; on la trouve assez fréquemment à Nice. Cette espèce vit surtout de poissons; sa chair est comestible et se vend couramment à Saint-Jean-de-Luz et à Bayonne; sa peau, couverte d'aspérités, est employée par les ébénistes pour polir le bois.

La **squatine ange** est plus ou moins commune sur toutes nos côtes. Elle se plaît au fond de l'eau et se nourrit de raies et autres poissons plats. Il est très facile de prendre l'ange à l'hameçon, mais sa chair est dure et peu recherchée. Sa peau est souvent employée pour imiter le chagrin, elle sert également à polir l'ivoire.

La **torpille marbrée** fréquente surtout le golfe de Gascogne et la Méditerranée. Elle se tient dans les endroits bourbeux et s'enfonce dans la vase lorsque vient l'hiver. Elle met au monde ses petits vivants; quand ceux-ci sont en danger, ils se réfugient dans sa bouche. La torpille marbrée est un poisson plat dont la forme rappelle celle de la

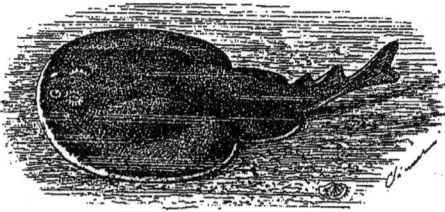

Torpille marbrée.

raie; elle nage mal; elle est remarquable par la faculté qu'elle a d'engourdir, au moyen de décharges électriques, les poissons dont elle veut faire sa nourriture; ce pouvoir est aussi pour elle un moyen de protection efficace.

Les **raies** se pêchent sur toutes nos côtes; elles se plaisent au fond de l'eau où elles attendent qu'une proie passe à leur portée pour s'en emparer. Le jour, elles restent immobiles, à demi recouvertes par le sable; la nuit, elles sont plus actives et nagent lentement à la recherche de leur nourriture. La chair des raies est très estimée et fournit à la consommation un aliment excellent.

Le **myliobate aigle** est plus ou moins répandu sur toutes nos côtes. Ce poisson se nourrit principalement de crustacés et de mollusques. Il est vivipare. Le myliobate possède à la naissance de la queue un aiguillon acéré qui peut faire des blessures dangereuses. La chair de cet animal n'est pas propre à l'alimentation.

La **pastenague commune** se trouve dans le voisinage de tous nos rivages maritimes, où elle fréquente les fonds sableux ; elle fait sa nourriture de petits poissons, crustacés, mollusques. Elle possède un aiguillon acéré avec lequel elle peut faire des blessures très graves.

II. — STURIONIENS.

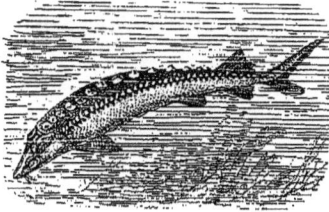

Esturgeon commun.

Les sturioniens ont le corps allongé et pyramidal couvert de scutelles épineuses ; le squelette est presque entièrement cartilagineux ; le museau est plus ou moins allongé ; la vessie natatoire communique avec l'estomac ; les œufs sont excessivement nombreux.

Nous ne mentionnerons dans cet ordre qu'une espèce formant un genre et une famille :

Acipenséridés

		Longueur.
ESTURGEON....	Esturgeon commun (*Acipenser sturio*)...... ..	1m.75

L'**esturgeon commun** fréquente toutes nos côtes ; à l'époque de la ponte il remonte les fleuves où on le pêche parfois. Il ne possède pas de dents, aussi ne fait-il sa nourriture que de poissons de petite taille ainsi que de vers, mollusques, débris animaux et végétaux qu'il trouve dans la vase.

L'esturgeon nous fournit une chair exquise ; ses œufs sont également estimés et servent à préparer le caviar ; sa vessie natatoire est employée pour fabriquer la colle de poisson.

III. — LOPHOBRANCHES.

Les lophobranches sont des poissons à squelette osseux ; leur
corps est généralement peu développé et porte un certain nombre
d'écussons disposés de telle sorte que l'animal semble formé
d'anneaux ; leur tête est longue avec un museau tubuleux à l'extrémité duquel se trouve une petite bouche dépourvue de dents ;
enfin, les lamelles des branchies au lieu d'être disposées en pei-
gne sont enroulées en forme de houppes et portées sur des tiges
très courtes.

Nous citerons neuf espèces principales de lophobranches qui
peuvent être réparties en quatre genres ne formant qu'une seule
famille :

Syngnathidés

		Longueur.
HIPPOCAMPE....	Hippocampe moucheté (*Hippocampus guttulatus*)...	0m.12
	Hippocampe à museau court (*Hippocampus brevirostris*).................................	0m.12
SYNGNATHE.....	Syngnathe aiguille (*Syngnatus acus*).........	0m.30
	Syngnathe rougeâtre (*Syngnatus rubescens*).	0m.24
SIPHONOSTOME..	Siphonostome Typhle (*Siphonostoma typhle*)	0m.40
	Siphonostome argenté (*Siphonostoma argentatum*).....................................	0m.25
	Siphonostome de Rondelet (*Siphonostoma Rondeletii*)................................	0m.26
ENTELURE......	Entelure de mer (*Entelurus æquoreus*).......	0m.40
	Entelure serpentiforme (*Entelurus anguineus*).................................	0m.25

Les **hippocampes** ou **chevaux marins** doivent leurs noms à
l'analogie d'aspect qu'offre leur tête avec celle d'un cheval. Ils se
trouvent principalement dans la Méditerranée et l'Océan, et fréquentent les endroits où les plantes aquatiques tapissent le fond
de la mer. Ces espèces se tiennent généralement dans la position

verticale, la queue enroulée autour d'une herbe marine; lorsqu'elles aperçoivent une proie à leur portée, elles se jettent sur
elle et s'en emparent adroitement. Les hippocampes semblent se
nourrir principalement de petits crustacés qu'ils découvrent sur
les végétaux aquatiques. Ils présentent une particularité remarquable : le mâle possède sur l'abdomen une poche incubatrice où
il reçoit les œufs de la femelle pour les y garder jusqu'à l'époque
de l'éclosion.

Les **syngnathes** ou **aiguilles de mer** ont le corps très allongé,
mince et presque cylindrique, la poche incubatrice très longue;
on les trouve sur toutes
nos côtes où ils recher-
chent les fonds où crois-
sent des végétaux ; ils se
meuvent presque exclu-
sivement à l'aide de la
nageoire dorsale. Les
syngnates se nourrissent
d'animaux de très petite
taille : crustacés, mol-
lusques et vers, ainsi
que des œufs de plusieurs
espèces de poissons.

Syngnathe aiguille.

Les **siphonostomes** ont à peu de chose près la forme des
syngnathes dont ils diffèrent par le museau qui, chez eux, est
allongé, comprimé et très haut; ils présentent également une
poche incubatrice. Ces animaux se rencontrent principalement
dans l'océan Atlantique et la mer Méditerranée; ils se plaisent
au milieu des végétations sous-marines et ont à peu près les
mêmes mœurs que les espèces dont nous avons parlé précédemment.

Les **entelures** se trouvent surtout dans la Manche et l'Océan,
plus rarement dans la Méditerranée. Comme les autres syngnati-
dés ils vivent de proies peu volumineuses, principalement de mollusques et crustacés de petite taille. Chez ces poissons, la poche
incubatrice n'existe plus et les mâles, qui ont l'abdomen plus
aplati que les femelles, portent les œufs attachés sous le ventre,
jusqu'à ce que ceux-ci viennent à éclore.

IV. — PLECTOGNATHES.

Les plectognathes ont un squelette peu développé; les côtes notamment sont rudimentaires ou manquent entièrement; la peau est souvent couverte de pièces dures; la tête est peu distincte du corps; la mâchoire supérieure est fixée au crâne et, par conséquent, demeure immobile.

La plupart des espèces de plectognathes sont exotiques et n'offrent aucun intérêt à notre point de vue. Nous mentionnerons cependant une espèce française qui forme une famille et un genre :

Orthagoriscidés

		Longueur.
Orthagorisque.	Orthagorisque mole (*Orthagoriscus mola*)....	1m.

L'**orthagorisque mole** ou **poisson lune**, bien qu'assez rare, se trouve sur toutes nos côtes; il se rencontre cependant plus fréquemment dans la Méditerranée que dans nos autres mers; son corps est ovale et la tête se confond avec le tronc. Malgré sa forte taille, ce poisson n'est aucunement dangereux; sa bouche est relativement petite, aussi ne se nourrit-il que de petits poissons, mollusques et vers. La chair de cet animal est visqueuse et répand une odeur désagréable, ce qui fait qu'elle n'est que rarement utilisée dans l'alimentation; elle peut cependant se manger, mais il faut avoir soin d'en enlever la peau, qui est dure et huileuse.

La nuit, l'orthagorisque mole flotte à la surface de l'eau et semble inanimé; il est alors très facile de s'en emparer si l'on réussit à l'approcher sans bruit, car il ne tente pas le moindre effort pour s'échapper.

La forme du poisson lune varie avec l'âge de l'animal. C'est ainsi que chez les jeunes la longueur est de peu supérieure à la hauteur, de sorte que la forme générale est celle d'un cercle presque régulier. Chez l'adulte le corps est allongé et la longueur surpasse la hauteur de la moitié de celle-ci environ.

L'orthagorisque mole n'a pas de vessie natatoire.

V. — CHORIGNATHES.

Les chorignathes ont le corps de forme variable; la peau est généralement couverte d'écailles, ils ont presque toujours des dents; le maxillaire supérieur n'est pas soudé à l'intermaxillaire ; enfin la plupart d'entre eux ont une vessie natatoire.

Nous citerons deux cent onze espèces de chorignathes qui peuvent être réparties en quatre-vingt-seize genres et trente familles :

Trachinidés

Longueur.

URANOSCOPE....	Uranoscope rat (*Uranoscopus scaber*)........	0m.20
VIVE..........	Petite vive (*Trachinus vipera*).............	0m.10
	Vive commune (*Trachinus draco*)..........	0m.25

Blennidiés

BLENNIE	Blennie paon (*Blennius pavo*)...............	0m.10
	Blennie palmicorne (*Blennius palmicornis*)..	0m.13
	Blennie cagnette (*Blennius cagnota*)........	0m.11
	Blennie gattorugine (*Blennius gattorugine*)..	0m.17
	Blennie tentaculaire (*Blennius tentacularis*)..	0m.11
	Blennie papillon (*Blennius ocellaris.*)........	0m.16
	Blennie sphinx (*Blennius sphinx*)...........	0m.09
	Blennie pholis (*Blennius pholis*).............	0m.11
GONNELLE......	Gonnelle vulgaire (*Gunnellus vulgaris*)......	0m.17
ZOARCÈS	Zoarcès vivipare (*Zoarces viviparus*)........	0m.20

Callionymidés

CALLIONYME....	Callionyme lyre (*Callionymus lyra*)........	0m.27
	Callionyme belène (*Callionymus belenus*)....	0m.10

Lophiidés

BAUDROIE......	Baudroie commune (*Lophius piscatorius*).....	1m.10
	Baudroie budegassa (*Lophius budegassa*).....	0m.55

Gobiidés

		Longueur.
GOBIE.........	Gobie lote (*Gobius lota*)..	0m.16
	Gobie céphalote (*Gobius capito*)	0m.20
	Gobie ensanglanté (*Gobius cruentatus*).......	0m.14
	Gobie à quatre taches (*Gobius quadrimaculatus*).................................	0m.08
	Gobie buhotte (*Gobius minutus*)	0m.07
	Gobie à haute dorsale (*Gobius jozo*).........	0m.12
	Gobie trompeur (*Gobius fallax*)	0m.07
	Gobie doré (*Gobius auratus*)	0m.09
	Gobie noir (*Gobius niger*).................	0m.12
	Gobie paganel (*Gobius paganellus*)	0m.11
	Gobie à deux teintes (*Gobius bicolor*)..	0m.12
	Gobie de Ruthensparre (*Gobius Ruthensparri*	0m.05
APHYE.........	Aphye pellucide (*Aphya pellucida*)...........	0m.05

Mullidés

MULLE	Mulle surmulet (*Mullus surmuletus*)........	0m.25
	Mulle rouget (*Mullus barbatus*)	0m.20
	Mulle brun (*Mullus fuscatus*)	0m.20

Triglidés

PERISTÉDION....	Péristédion Malarmat (*Peristedion cataphractum*)..................................	0m.25
TRIGLE	Trigle pin (*Trigla pini*).....................	0m.27
	Trigle imbriago (*Trigla lineata*).............	0m.30
	Trigle morrude (*Trigla cuculus*).............	0m.25
	Trigle gornaud (*Trigla gurnardus*)	0m.35
	Trigle milan (*Trigla milvus*)................	0m.35
	Trigle lyre (*Trigla lyra*)	0m.34
	Trigle corbeau (*Trigla corax*)...............	0m.50
	Trigle cavillone (*Trigla cavillone*)	0m.10
COTTE.........	Cotte chabot (*Cottus gobio*).................	0m.12
	Cotte scorpion (*Cottus scorpius*)............	0m.18
	Cotte à longues épines (*Cottus bubalis*)......	0m.11
ASPIDOPHORE....	Aspidophore armé (*Aspidophorus cataphractus*).................................	0m.11

<table>
<tr><td></td><td></td><td align="right">Longueur.</td></tr>
<tr><td>SCORPÈNE.. ...</td><td>Scorpène truie (Scorpæna scrofa) ....
Scorpène pustuleuse (Scorpæna ustulata)....
Scorpène rascasse (Scorpæna porcus) ....</td><td>0m.30
0m.12
0m.20</td></tr>
<tr><td>SÉBASTE ....</td><td>Sébaste dactyloptère (Sebastes dactyloptera).</td><td>0m.25</td></tr>
</table>

Percidés

<table>
<tr><td>PERCHE........</td><td>Perche de rivière (Perca fluviatilis) ....</td><td>0m.32</td></tr>
<tr><td>BAR ....</td><td>Bar commun (Labrax lupus) ....
Bar ponctué (Labrax punctatus).....‘......</td><td>0m.60
0m.60</td></tr>
<tr><td>APRON........</td><td>Apron commun (Aspro vulgaris)........ ....</td><td>0m.14</td></tr>
<tr><td>GREMILLE......</td><td>Gremille commune (Acerina cernua)........</td><td>0m.14</td></tr>
<tr><td>CERNIER ......</td><td>Cernier brun (Polyprion cernium)..........</td><td>1m.05</td></tr>
<tr><td>SERRAN........</td><td>Serran écriture (Serranus scriba)..........
Serran cabrille (Serranus cabrilla) ....
Serran hépate (Serranus hepatus) ....</td><td>0m.17
0m.17
0m.10</td></tr>
<tr><td>BARBIER.......</td><td>Barbier sacré (Anthias sacer)..............</td><td>0m.14</td></tr>
</table>

Sciénidés

<table>
<tr><td>OMBRINE.......</td><td>Ombrine commune (Umbrina cirrosa) ....</td><td>0m.40</td></tr>
<tr><td>MAIGRE........</td><td>Maigre commun (Sciæna aquila)...........</td><td>0m.60</td></tr>
<tr><td>CORB ....</td><td>Corb noir (Corvina nigra) ....</td><td>0m.45</td></tr>
</table>

Scombridés

<table>
<tr><td>SCOMBRE.......</td><td>Scombre maquereau (Scomber scomber).....
Scombre colias (Scomber colias)............,</td><td>0m.35
0m.25</td></tr>
<tr><td>THON..........</td><td>Thon commun (Thynnus thynnus)..........
Thon à pectorales courtes (Thynnus brachyp-
    terus)........................
Thon germon (Thynnus alalonga) ....</td><td>

0m.75
0m.75</td></tr>
<tr><td>PELAMYDE .....</td><td>Pélamyde commune (Pelamys sarda)........</td><td>0m.40</td></tr>
<tr><td>SAUREL........</td><td>Saurel commun (Trachurus trachurus).......</td><td>0m.25</td></tr>
<tr><td>NAUCRATE......</td><td>Naucrate pilote (Naucrates ductor) ....</td><td>0m.25</td></tr>
</table>

		Longueur.
LICHE.........	Liche glaycos (*Lichia glaucus*).............	0m.35
ZÉE...........	Zée forgeron (*Zeus faber*).................	0m.40
	Zée à épaule armée (*Zeus pungio*)..........	0m.40
LAMPRIS.......	Lampris lune (*Lampris luna*)..............	0m.70
CENTROLOPHE...	Centrolophe pompile (*Centrolophus pompilus*)	0m.35
ESPADON.......	Espadon épée (*Xiphias gladius*).............	2m.70

Trichiuridés

LÉPIDOPE......	Lépidope argenté (*Lepidopus argenteus*).....	1m.

Sparidés

SARGUE........	Sargue ordinaire (*Sargus vulgaris*).........	0m.20
	Sargue sar (*Sargus Rondeletii*).............	0m.25
	Sargue sparaillon (*Sargus annularis*)........	0m.14
CHARAX........	Charax puntazzo (*Charax puntazzo*).........	0m.20
BOGUE.........	Bogue commun (*Box boops*)...............	0m.25
	Bogue saupe (*Box salpa*).................	0m.25
OBLADE........	Oblade ordinaire (*Oblada melanura*)........	0m.20
PAGEL.........	Pagel commun (*Pagellus erythrinus*)........	0m.35
	Pagel mormyre (*Pagellus mormyrus*)........	0m.25
	Pagel rousseau (*Pagellus centrodontus*)......	0m.40
	Pagel acarne (*Pagellus acarne*).............	0m.28
DAURADE.......	Daurade vulgaire (*Chrysophrys aurata*)......	0m.40
CANTHÈRE......	Canthère gris (*Cantharus griseus*)..........	0m.30
DENTÉ........	Denté ordinaire (*Dentex vulgaris*)..........	0m.40

Ménidés

MENDOLE......	Mendole commune (*Mæna vulgaris*)........	0m.17
	Mendole d'Osbeck (*Mæna Osbeckii*).........	0m.17
	Mendole juscle (*Mæna jusculum*)...........	0m.16
	Mendole vomérine (*Mæna vomerina*)........	0m.16
PICAREL.......	Picarel ordinaire (*Smaris vulgaris*).........	0m.17
	Picarel martin-pêcheur (*Smaris alcedo*)......	0m.17
	Picarel chrysèle (*Smaris chryselis*).........	0m.17

Labridés

Longueur.

LABRE........	Labre vieille (*Labrus bergylta*)	0m.35
	Labre tourd (*Labrus turdus*)	0m.22
	Labre merle (*Labrus merula*)	0m.25
	Labre paré (*Labrus festivus*)	0m.30
	Labre vert (*Labrus viridis*)	0m.25
	Labre mêlé (*Labrus mixtus*)	0m.24

CRÉNILABRE....	Crénilabre ocellé (*Crenilabrus ocellatus*)	0m.10
	Crénilabre roissal (*Crenilabrus roissali*)	0m.14
	Crénilabre tigré (*Crenila brustigrinus*).......	0m.10
	Crénilabre mélope (*Crenilabrus melops*)......	0m.16
	Crénilabre méditerranéen (*Crenilabrus mediterraneus*)	0m.12
	Crenilabre petite tanche (*Crenilabrus tinca*)..	0m.09
	Crénilabre paon (*Crenilabrus pavo*)	0m.17
	Crénilabre massa (*Crenilabrus massa*)........	0m.14

SUBLET........	Sublet groin (*Coricus rostratus*).............	0m.10

GIRELLE	Girelle commune (*Julis vulgaris*)...........	0m.17
	Girelle giofredi (*Julis giofredi*)........	0m.17

Pomacentridés

CHROMIS.....:,	Chromis castagneau (*Chromis castanea*)	0m.10

Gastérostéidés

ÉPINOCHE	Épinoche aiguillonnée (*Gasterosteus aculeatus*)	0m.07
	Épinochette (*Gasterostea pungitia*)..........	0m.05

SPINACHIE.... .	Épinoche de mer (*Spinachia vulgaris*)	0m.10

Mugilidés

MUGE..........	Muge céphale (*Mugil cephalus*)..............	0m.40
	Muge doré (*Mugil auratus*).................	0m.40
	Muge capiton (*Mugil capito*)...............	0m.40
	Muge sauteur (*Mugil saliens*)	0m.25
	Muge à grosses lèvres (*Mugil chelo*)........	0m.40

Athérinidés

Longueur.

ATHÉRINE......
{
Athérine sauclet (*Atherina hepsetus*)........ 0m.11
Athérine mochon (*Atherina mochon*)........ 0m.07
Athérine de Boyer (*Atherina Boyeri*)........ 0m.09
Athérine prêtre (*Atherina presbyter*)........ 0m.12
}

Ammodytidés

AMMODYTE.....
{
Ammodyte lançon (*Ammodytes lanceolatus*).. 0m.25
Ammodyte équille (*Ammodytes tobianus*).... 0m.15
Ammodyte cicerelle (*Ammodytes cicerellus*).. 0m.12
}

Ophidiidés

OPHIDIE........
{
Ophidie barbu (*Ophidium barbatum*)........ 0m.20
Ophidie de Vassali (*Ophidium Vassali*)....... 0m.20
}

Gadidés

GADE.........
{
Gade capelan (*Gadus minutus*) 0m.20
Gade tacaud (*Gadus luscus*) 0m.25
Gade morue (*Gadus morhua*)............... 0m.65
Gade églefin (*Gadus æglefinus*)............. 0m.45
}

MERLAN ....
{
Merlan commun (*Merlangus vulgaris*)........ 0m.30
Merlan jaune (*Merlangus pollachius*) 0m.75
Merlan noir (*Merlangus carbonarius*)....... 0m.45
Merlan poutassou (*Merlangus poutassou*) 0m.30
}

MERLUCHE.....   Merluche ordinaire (*Merlucius vulgaris*)..... 0m.60

LOTE ....
{
Lote commune (*Lota vulgaris*) 0m.50
Lote lingue (*Lota molva*)................... 1m.25
Lote allongée (*Lota elongata*)............... 0m.40
}

PHYCIS.........   Phycis blennoïde (*Phycis blennoides*) 0m.30

Gadidés

MUSTÈLE.......
{
Mustèle à trois barbillons (*Motella tricirrata*) 0m.25
Mustèle tachetée (*Motella maculata*)........ 0m.25
Mustèle brune (*Motella fusca*)............. 0m.20
Mustèle à cinq barbillons (*Motella mustela*).. 0m.20
}

Pleuronectidés

Longueur.

LIMANDE....... Limande commune (*Limanda vulgaris*)...... 0m.25

PLIE.......... Plie carrelet (*Platessa vulgaris*)........... 0m.60

FLET......... { Flet commun (*Flesus vulgaris*)............. 0m.27
               Flet moineau (*Flesus passer*)............... 0m.27

SOLE .... { Sole commune (*Solea vulgaris*)............ 0m.32
                Sole à pectorale noire (*Solea melanochira*)... 0m.30
                Sole lascaris (*Solea lascaris*)............... 0m.30
                Sole sétau (*Solea cuneata*)................. 0m.25

PLEURONECTE... { Pleuronecte de Grohmann (*Pleuronectes Groh-manni*)............................. 0m.12
                 Pleuronecte arnoglosse (*Pleuronectes arno-glossus*)................................ 0m.12
                 Pleuronecte moucheté (*Pleuronectes consper-sus*).................................... 0m.11
                 Pleuronecte de Bosc (*Pleuronectes Boscii*)... 0m.32
                 Pleuronecte cardine (*Pleuronectes megastoma*) 0m.35
                 Pleuronecte guitare (*Pleuronectes citharus*)... 0m.23

TURBOT........ { Turbot (*Rhombus maximus*) 0m.55
                Barbue commune (*Rhombus lævis*).......... 0m.37

Cycloptéridés

LÉPADOGASTÈRE. { Lépadogastère Goüan (*Lepadogaster Gouanii*) 0m.07
                 Lépadogastère de Candolle (*Lepadogaster Candolli*)........................ 0m.08

Cyprinidés

CYPRIN .... { Carpe commune (*Cyprinus carpio*).......... 0m.40
                Carassin commun (*Carassius vulgaris*)....... 0m.25
                Carassin doré (*Carassius auratus*).......... 0m,15

BARBEAU....... { Barbeau commun (*Barbus fluviatilis*) 0m.37
                Barbeau méridional (*Barbus meridionalis*).... 0m.20

TANCHE........ Tanche vulgaire (*Tinca vulgaris*)............ 0m.27

Longueur.

GOUJON........	Goujon de rivière (*Gobio fluviatilis*).........	0m.12
BOUVIÈRE......	Bouvière commune (*Rhodeus amarus*).......	0m.07
VAIRON........	Vairon commun (*Phonixus lævis*)..........	0m.09
BRÈME........	Brème commune (*Abramis brama*)..........	0m.37
	Brème bordelière (*Abramis bjœrkna*)........	0m.20
ABLETTE.......	Ablette commune (*Alburnus lucidus*)........	0m.15
	Ablette spirlin (*Alburnus bipunctatus*).......	0m.12
ROTENGLE......	Rotengle (*Scardinius erythrophthalmus*).....	0m.23
GARDON........	Gardon commun (*Leuciscus rutilus*)	0m.23
IDE	Ide jesse (*Idus jeses*)......................	0m.35
CHEVAINE......	Chevaine soufie (*Squalius souffia*).....	0m.16
	Chevaine commun (*Squalius cephalus*).......	0m.31
	Chevaine vandoise (*Squalius leuciscus*).......	0m.27
CHONDROSTOME.	Chondrostome nase (*Chondrostoma nasus*)....	0m.30

Gobìtidés

LOCHE........	Loche franche (*Cobitis barbatula*)...........	0m.10
	Loche de rivière (*Cobitis tænia*).............	0m.10

Clupéidés

HARENG........	Hareng commun (*Clupea harengus*).........	0m.25
MELETTE.......	Melette phalérique (*Meletta phalerica*).......	0m.10
	Melette esprot (*Meletta vulgaris*)...........	0m.10
HARENGULE....	Harengule blanquette (*Harengula latulus*)...	0m.09
ALOSE........	Alose commune (*Alosa vulgaris*)............	0m.50
	Alose feinte (*Alosa finta*).................	0m.40
	Alose sardine (*Alosa sardina*)	0m.16
ANCHOIS.......	Anchois vulgaire (*Engraulis encrasicholus*)...	0m.17

Esocidés

ESOCE........	Brochet commun (*Esox lucius*).............	0m.60

Exocétidés

Longueur.

ORPHIE........ { Orphie vulgaire (*Belone vulgaris*)............ 0m.65
Orphie aiguille (*Belone acus*)................ 0m.55

Salmonidés

SAUMON........ { Saumon commun (*Salmo salar*)............. 0m.75
Truite de mer (*Trutta marina*)............. 0m.60
Truite commune (*Trutta fario*)............. 0m.40
Omble chevalier (*Umbla salvelinus*)......... 0m.35

ÉPERLAN...... Éperlan commun (*Osmerus eperlanus*)........ 0m.20

OMBRE........ Ombre commune (*Thymallus vulgaris*)....... 0m.25

CORÉGONE....:. { Corégone lavaret (*Coregonus lavaretus*) 0m.30
Corégone féra (*Coregonus fera*)............. 0m.40
Corégone gravenche (*Coregonus hiemalis*).... 0m.25

L'**uranoscope rat** habite la Méditerranée où il recherche les
fonds vaseux. Pour capturer les petits poissons dont il fait sa
nourriture, il s'enterre dans la fange en ne laissant sortir que
l'extrémité de sa tête. Le filament attaché à sa mâchoire inférieure attire par sa ressemblance avec un ver les poissons de
petite taille qu'il saisit et dévore.

Les **vives** fréquentent toutes nos côtes où elles sont assez répandues ; elles préfèrent les
fonds sableux et peuvent
s'enfouir dans la vase avec
la plus grande facilité. Les
vives possèdent aux nageoires dorsales des aiguillons
redoutables, susceptibles
d'occasionner des blessures

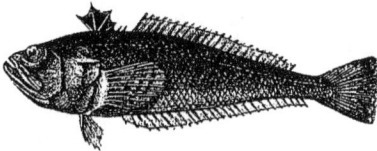

Vive commune.

excessivement douloureuses. Elles se nourrissent de mollusques,
crustacés, petits poissons ; leur chair est comestible.

Les **blennies** se trouvent principalement dans la Méditerranée
et l'Océan ; le blennie cagnette, cependant, est un poisson d'eau
douce qu'on rencontre dans le midi de la France. Les blennies
de mer se tiennent dans le voisinage des côtes, ils nagent mal,

aussi restent-ils presque toujours au fond de l'eau, dans les crevasses des rochers, parmi les herbes marines ; le cagnette se plaît
dans les endroits limpides des cours d'eau, dont le fond est caillouteux. Les blennies vivent de
mollusques, crustacés, et
parfois de poissons de petite
taille.

Le **gonnelle vulgaire** habite surtout l'océan Atlantique ; il vit au fond de l'eau

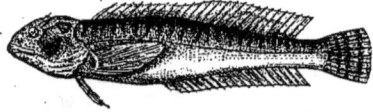

Blennie cagnette.

et préfère les endroits rocheux et couverts d'algues. On le voit
parfois à marée basse dans les flaques laissées par la mer en se
retirant ; toutefois, il est assez difficile de s'en emparer, car sa
peau est gluante, ce qui fait qu'il parvient presque toujours à
s'échapper de la main qui le saisit. Le gonnelle vulgaire se nourrit de jeunes poissons et de petits crustacés.

Le **zoarcès vivipare** ne se rencontre guère en France que sur
les côtes de la mer du Nord ; il est notamment assez commun à
Dunkerque. Cette espèce affectionne particulièrement les fonds
rocheux ; elle est carnassière et vit de poissons et crustacés de
petite taille.

Les **callionymes** fréquentent principalement nos côtes de la
Manche et de la Méditerranée ; les couleurs de leur corps sont des
plus brillantes. Ces animaux se tiennent généralement à 10 ou
15 mètres de profondeur et se plaisent entre les rochers situés au
fond de la mer. Les callionymes se nourrissent de petits mollusques et de vers marins ; leur chair est assez agréable au goût.

Les **baudroies** sont des poissons de forme étrange et d'une
voracité extrême ; deux espèces fréquentent nos rivages maritimes : la baudroie commune est plus ou moins répandue sur
toutes nos côtes ; la baudroie budegassa ne se trouve que dans la
Méditerranée. Leur bouche énorme et leur estomac très dilatable
permettent à ces animaux d'engloutir des proies volumineuses.
Pour attirer les poissons dont ils se nourrissent, ils s'enterrent
dans la vase en laissant flotter leurs filaments dorsaux qui ressemblent à des vers marins.

Les **gobies** sont particulièrement abondants dans la Méditerranée ; certaines espèces se rencontrent également sur nos autres

côtes. Les gobies fréquentent surtout les rivages rocheux ; quelques-uns préfèrent l'eau saumâtre, d'autres s'acclimatent parfai-

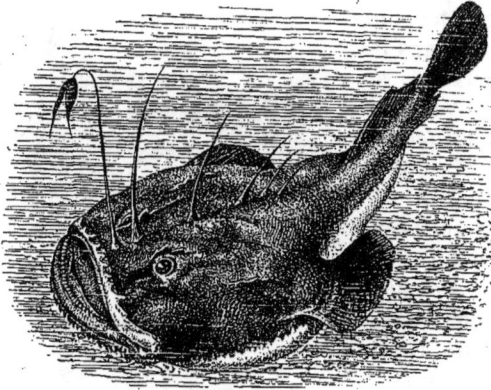

Baudroie commune.

tement dans les eaux douces des lacs. Chez plusieurs espèces, les
mâles construisent des nids et protègent leurs petits. Ces animaux
se nourrissent principalement de
vers, de petits crustacés, d'œufs
de poisson.

Gobie noir.

L'**aphye pellucide** habite la
Méditerranée et recherche les
fonds rocheux. Cette espèce est,
comme les gobies, essentielle-
ment carnassière ; elle se nourrit d'œufs de poisson, crustacés de
petite taille, vers, etc.

Les **mulles** fréquentent les côtes sablonneuses de peu de profondeur. Elles cherchent dans la vase les petits crustacés, les
mollusques, les débris animaux et végétaux dont elles font leur
nourriture. La chair des mulles est très délicate et fort recherchée
pour l'alimentation.

Le **péristédion malarmat** est assez répandu dans la Méditerranée ; il vit dans les profondeurs de la mer et consomme quantité de petits crustacés, de mollusques et de zoophytes. Le ma-

larmat est peu recherché, cependant sa chair est consommée en
Espagne.

Les **trigles** ou **grondins** sont, pour la plupart, communs sur
toutes nos côtes; ils se
tiennent presque toujours
au fond de l'eau, dans les
endroits sableux ou ro-
cheux, et poursuivent activement les mollusques et
les crustacés qui forment
la base de leur nourriture.
Lorsqu'on les sort de l'eau,

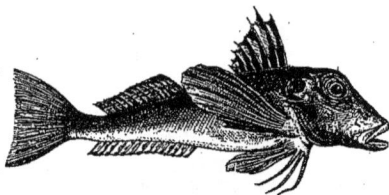

Trigle pin.

les grondins font entendre une sorte de grondement auquel ils doivent leur nom. La chair de ces poissons est très estimée.

Les **cottes** sont représentés chez nous par trois espèces principales : le cotte chabot ou
chabot de rivière qui se trouve
dans la plupart de nos cours
d'eau; le cotte scorpion et le
cotte à longues épines qui habitent principalement la Manche. Les cottes sont très vora-

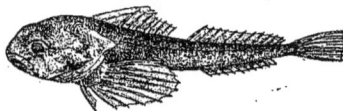

Cotte chabot.

ces ; ils vivent de vers, de petits crustacés et de poissons. La chair
des cottes marins est peu recherchée, mais le chabot de rivière
fournit un bon aliment.

L'aspidophore armé habite les côtes de la Manche; il fréquente les rivages sablonneux, mais il n'est jamais très commun.
Cette espèce fait sa proie de tous les petits animaux qu'elle trouve
à sa portée.

Les **scorpènes** fréquentent principalement la Méditerranée et le
golfe de Gascogne; leur aspect est disgracieux; elles sont carac-
térisées par une tête cuirassée, hérissée d'épines. Les scorpènes
aiment le voisinage des roches; leur chair, assez estimée, entre
dans la préparation de la bouillabaisse.

Le **sébaste dactyloptère** se rencontre dans toute la Méditerranée ainsi que dans le golfe de Gascogne ; il vit à d'assez grandes
profondeurs, sa chair est comestible.

La **perche de rivière** est commune dans la plupart de nos

cours d'eau ; elle aime les eaux claires et transparentes. Cette espèce se nourrit d'insectes qu'elle capture à la surface de l'eau, de vers, de batraciens, de poissons ; elle ne craint pas d'attaquer des individus presque aussi gros qu'elle afin d'en faire sa nourriture, mais parfois sa voracité se trouve punie, car l'animal ingurgité trop rapidement passe à travers ses branchies et occasionne sa mort. La perche fournit à l'alimentation un mets délicieux.

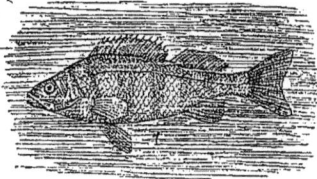

Perche de rivière.

Les **bars** sont répandus sur toutes nos côtes ; ce sont des animaux très voraces qui font leur nourriture de proies vivantes, d'algues et d'immondices ; ils vivent en troupes ; ils ont, paraît-il, l'ouïe très fine et l'instinct de la conservation poussé jusqu'à la plus extrême prudence. La chair des bars est très recherchée.

L'**apron commun** ne se voit guère en France que dans le Rhône et ses affluents ; il affectionne surtout les eaux courantes limpides et reste presque toujours au fond de l'eau. L'apron commun vit d'insectes et de petits poissons ; sa chair rappelle par sa saveur celle de la perche.

La **gremille commune** ou **perche goujonnière** se rencontre principalement dans les cours d'eau des bassins de la Seine et du Rhône ; elle fréquente les fonds sableux ; sa nourriture se compose de vers, d'insectes et de petits poissons. La gremille fournit à la consommation une chair très estimée.

Le **cernier brun** habite la Méditerranée et le golfe de Gascogne ; il vit à de grandes profondeurs sur les fonds rocheux ; il se nourrit de mollusques et de poissons, principalement de sardines. La chair du cernier est comestible et passe même pour assez délicate.

Les **serrans** sont des poissons de mer qui se plaisent sur les côtes pierreuses ; ils vivent de crustacés et de fretin ; Cavoline rapporte que le serran écriture montre une prédilection toute particulière pour le poulpe et qu'il guette ce mollusque à peu de distance de son trou pour saisir à l'occasion un de ses tentacules et attirer l'animal à lui.

Le **barbier sacré** est un beau poisson d'un rouge rubis avec des reflets dorés ; il habite, dans la Méditerranée, les endroits rocailleux situés à une grande profondeur.

L'**ombrine commune** est répandue sur tous nos rivages maritimes ; elle fréquente les endroits sableux de moyenne profondeur ; elle se nourrit de poissons, mollusques, crustacés et vers ; sa chair est très délicate.

Le **maigre commun** ou **aigle** se rencontre surtout dans la Méditerranée et le golfe de Gascogne. C'est principalement d'avril en juillet qu'il vient sur nos côtes ; il vit par troupes et fait entendre, comme le grondin, un grognement sourd qui trahit sa présence. Le maigre commun était fort estimé des anciens ; sa chair est considérée de nos jours comme d'assez bon goût.

Le **corb noir** habite la Méditerranée ; chaque année, au printemps, il vient déposer ses œufs sur les galets calcaires du rivage ; aux autres époques, il se tient à de grandes profondeurs. Le corb noir se nourrit de crabes, crevettes, fucus, etc. ; il est fort recherché pour la table.

Les **scombres** sont représentés chez nous par deux espèces : le scombre maquereau, le plus connu, est répandu sur toutes nos côtes ; le scombre colias ne se trouve que dans la Méditerranée. Le maquereau est un poisson de passage qui arrive en été dans nos eaux où il est l'objet d'une pêche active et productive ; il est plus estimé que le scombre colias qui paraît au printemps dans la Méditerranée. Les scombres se nourrissent de frai et de petits poissons.

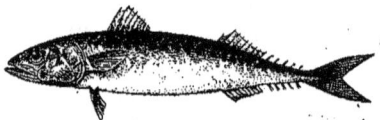

Scombre maquereau.

Les **thons** fréquentent la Méditerranée et l'Océan ; ce sont des poissons voyageurs qui se rapprochent des rivages à l'époque de la ponte ; ils vivent d'insectes, petits crustacés, poissons de faible taille tels que harengs et sardines, d'algues, etc. Leur chair nous fournit un aliment savoureux.

La **pélamyde commune** se trouve principalement dans la Méditerranée et le golfe de Gascogne ; on la voit sur nos côtes d'avril en octobre et on la pêche en grand nombre ; sa chair est délicate et savoureuse.

Le **saurel commun** est plus ou moins répandu sur tous nos
rivages maritimes; il fait son apparition en avril en troupes considérables; sa nourriture se compose de frai et de petits poissons;
sa chair, quoique comestible, est peu estimée, mais c'est un excellent appât pour la pêche à la morue. M. Gadeau de Kerville rap-

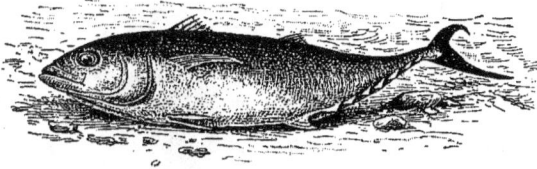

Thon commun.

porte que les jeunes saurels accompagnent presque toujours une
de ces grandes méduses nommées rhizostomes de Cuvier. « Ces
jeunes poissons nagent parallèllement au grand axe du rhizostome
et dans la même direction que cet animal. Ils se tiennent au-dessus,
au-dessous, sur les côtés et en arrière de lui, mais ne s'avancent
pas au delà du sommet de son ombrelle. Ajoutons que l'on en voit
fréquemment qui se sont introduits dans les cavités sous-géni-
tales et sont visibles à l'extérieur en raison de la transparence du
rhizostome. » Évidemment la méduse, avec ses innombrables bat-
teries de capsules urticantes, protège d'une manière très efficace
les jeunes poissons.

Le **naucrate pilote** est assez répandu dans la Méditerranée; il
se tient dans les profondeurs de la mer et toujours à une certaine
distance du rivage; il accompagne fréquemment les navires et ne
les quitte que lorsqu'ils approchent de la terre ferme. On a pré-
tendu que le pilote sert de guide au requin et à divers autres
squales; en réalité, si l'on trouve presque toujours des requins où
l'on rencontre des pilotes, cela tient à ce que ces poissons suivent
les uns et les autres les vaisseaux, dans le but de se nourrir des
débris de toute sorte qui sont jetés par-dessus le pont.

La **liche glaycos** habite la Méditerranée; elle vit en troupes et
se défend courageusement en cas de danger, la liche glaycos fait
surtout sa nourriture de poissons.

Les **zées** ou **dorées** sont des poissons de haute mer qui vivent presque toujours isolés; le zée forgeron fréquente la Manche, l'Océan et la Méditerranée; le zée à épaule armée se tient plus particulièrement dans cette dernière mer. Les dorées se nourrissent du frai des autres poissons, de crevettes, de mollusques, de sardines, etc. Leur chair, excellente, n'est pas appréciée comme elle le mérite.

Le **lampris lune** fréquente toutes nos côtes, mais il est toujours assez râre; c'est un beau poisson aux brillantes couleurs qui fait principalement sa nourriture de poulpes et de zoophytes; on a observé, sur les côtes de Norvège, qu'il dévore aussi les jeunes truites qui descendent à la mer.

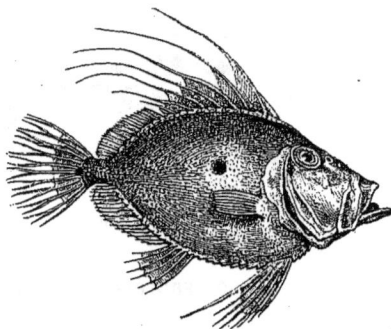

Zée forgeron.

Le **centrolophe pompile** est assez commun dans certaines parties de la Méditerranée, à Nice notamment. Il se nourrit de mollusques, petits poissons, ainsi que de substances végétales. Sa force est prodigieuse par rapport à sa taille; on raconte qu'un individu, pris dans un filet, réussit à l'emporter avec lui.

L'**espadon épée** se voit sur tous nos rivages maritimes. Il est surtout remarquable par sa mâchoire supérieure prolongée en une espèce de bec semblable à une broche. Ainsi armé il ne craint pas d'attaquer les plus grands des animaux marins, il se précipite même parfois sur les barques auxquelles il peut causer de sérieux dégâts en enfonçant son rostre dans la coque. La chair de l'espadon est des plus savoureuses.

Le **lépidope argenté** se rencontre assez fréquemment dans la Méditerranée; il vit dans les profondeurs moyennes et c'est généralement en avril et mai qu'il s'approche de nos côtes. Le lépidope est excessivement vorace; il fait sa nourriture de poissons; sa chair est assez délicate.

Les **sargues** habitent la Méditerranée et le golfe de Gascogne; ce sont des poissons de littoral qui suivent souvent les mulles afin de faire leur nourriture des aliments que celles-ci déterrent en remuant la vase. Les sargues vivent principalement de coquillages ; leur chair est estimée.

Le **charax puntazzo** vit dans la Méditerranée ; il se plaît parmi les rochers ; sa nourriture se compose principalement de mollusques et de fucus. La chair du puntazzo est très délicate.

Les **bogues** fréquentent la Méditerranée et l'Océan jusqu'à la Gironde ; ils affectionnent particulièrement les endroits rocheux ; ils se nourrissent de plantes marines telles que les algues et les fucus. Ces poissons sont fort recherchés pour l'alimentation.

L'**oblade ordinaire** ne se trouve que dans la Méditerranée ; elle se tient dans le voisinage des côtes à de moyennes profondeurs ; les coquillages forment la base de sa nourriture. Par suite du séjour prolongé de cet animal dans la vase, sa chair prend souvent un mauvais goût qui la fait rejeter de la consommation.

Les **pagels** ou **brêmes de mer** se rencontrent sur le littoral de l'Océan et de la Méditerranée ; ils se plaisent au-dessus des fonds rocheux ; ils font surtout leur nourriture d'herbes marines, de crustacés, de mollusques ; leur chair est de bonne qualité.

La **daurade vulgaire** est commune dans la Méditerranée et l'Océan ; en été elle se rapproche du littoral et pénètre même dans

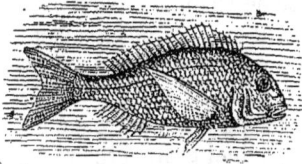
Daurade vulgaire.

les étangs salés ainsi que dans les cours d'eau qui se déversent dans la mer. La daurade mange des plantes marines, des mollusques, des vers, des crustacés, des poissons volants qui sont, dit-on, son aliment favori ; sa chair, bien qu'un peu sèche, est de très bon goût lorsque l'animal n'a pas habité les endroits vaseux. La daurade est très sensible au froid ; en hiver elle se retire au fond de la mer.

Le **canthère gris** se trouve sur toutes nos côtes. Cette espèce séjourne volontiers dans les endroits vaseux ; elle est surtout abondante de juin en août. Le canthère se nourrit ordinairement de matières animales ; sa chair est comestible.

Le **denté ordinaire** habite la Méditerranée, mais il n'est pas très commun ; il reste généralement en pleine mer et s'approche rarement du rivage. Cet animal attaque tous les poissons de taille inférieure à la sienne pour en faire sa proie.

Les **mendoles** fréquentent particulièrement la Méditerranée ; elles vivent en troupes près des côtes, recherchent de préférence les endroits vaseux, et se nourrissent d'herbes marines et de mollusques. La chair des mendoles est peu estimée ; celle des femelles est cependant de meilleur goût que celle des mâles.

Les **picarels** se plaisent sur les côtes vaseuses et herbeuses de la Méditerranée. Ces animaux vivent d'herbes marines, d'annélides, de mollusques et de petits poissons.

Les **labres** habitent pour la plupart la mer Méditerranée ; le labre vieille, cependant, se rencontre sur tout notre littoral. Ces poissons recherchent les endroits peu profonds, les rochers garnis d'herbes ; ils se nourrissent de crustacés et de mollusques ; leur chair, blanche, est savoureuse.

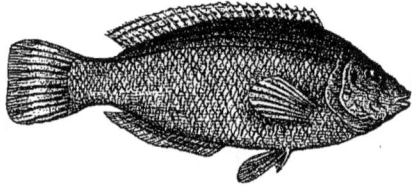

Labre vieille.

Les **crénilabres** se trouvent surtout dans la Méditerranée ; toutefois, le crénilabre mélope fréquente également nos autres côtes. Les crénilabres se tiennent sur les fonds sableux ou rocheux ; ils vivent principalement de mollusques et de crustacés ; leur chair est comestible.

Le **sublet groin** est un joli petit poisson de couleur rouge qui abonde sur le littoral méditerranéen. Le sublet groin préfère les côtes rocheuses de peu de profondeur ; sa chair est tendre et délicate.

Les **girelles** sont parées des plus brillantes couleurs ; elles sont assez communes dans la Méditerranée, mais ne se voient que rarement dans l'Océan ; elles aiment les fonds rocheux où croissent des herbes marines ; elles vivent de mollusques, oursins et crustacés.

Le **chromis castagneau** est une espèce particulière à la Méditerranée ; il vit en petites troupes dans les régions profondes ; sa chair, excellente, est surtout estimée en hiver.

Les **épinoches**, ainsi nommées à cause des épines ou aiguillons qu'elles portent sur le dos et le ventre, sont des poissons d'eau

douce qui se trouvent dans la plupart de nos départements. Les
épinoches s'éloignent peu de la terre ; elles recherchent les eaux
limpides ; leur nourriture se compose de mollusques, vers, insectes,
poissons nouvellement éclos, et même de frai, aussi les pêcheurs
les considèrent-ils comme des animaux très nuisibles. Les épinoches sont principalement remarquables par l'habitude qu'elles
ont de construire, à l'aide d'herbes aquatiques, un nid destiné à
recevoir la ponte et à protéger les œufs jusqu'à l'époque de leur éclosion.

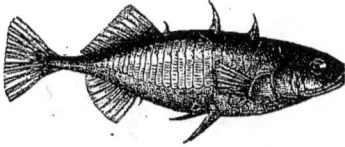

Épinoche aiguillonnée.

L'épinoche de mer habite la Manche et l'Océan. Elle est facilement reconnaissable à ses épines dorsales au nombre de quinze. De même que les épinoches d'eau douce, l'épinoche de mer se construit avec beaucoup de soin un nid dans lequel elle abrite ses œufs.

Les **muges** fréquentent la Méditerranée, l'Océan et la Manche ;
ils vivent en troupes le long des côtes et remontent parfois les
eaux douces jusqu'à une assez grande distance ; ils ne vont jamais

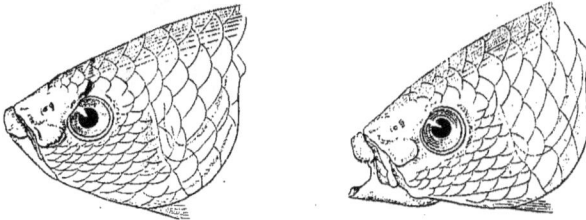

Muge à grosses lèvres.

dans les profondeurs ; c'est en fouillant dans la vase qu'ils se pro-
curent leur nourriture ; pour cela, ils prennent dans la bouche
une certaine quantité de limon, puis, après en avoir séparé les
substances alimentaires, rejettent les parties non assimilables. La
chair des muges est très recherchée.

Les **athérines** se voient principalement sur le littoral méditerranéen, seule l'athérine prêtre est particulière à l'Océan. Ces pois-

sons vivent en bandes nombreuses et s'éloignent rarement des côtes. Ils sont comestibles et l'on en pêche parfois de telles quantités qu'on les utilise pour nourrir les animaux domestiques.

Les **ammodytes** sont de petits poissons qui affectionnent particulièrement les rivages sableux et qui possèdent la faculté de s'enfoncer dans le sable avec une étonnante rapidité. L'ammodyte lançon et l'ammodyte équille habitent la Manche et l'Océan ; l'ammodyte cicerelle ne se

Ammodyte équille.

voit guère que dans la Méditerranée. L'équille est, de ces trois espèces, celle qu'on recherche le plus pour la table.

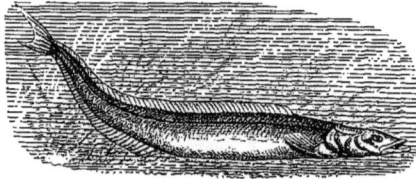

Gade morue.

Les **ophidies** ne se rencontrent guère que dans la Méditerranée ; la forme de ces poissons rappelle celle de l'anguille, mais leur corps est plat. Leur chair est assez délicate.

Les **gades** habitent généralement la mer du Nord, la Manche et l'Océan, toutefois, le gade capelan est particulier à la Méditerranée.

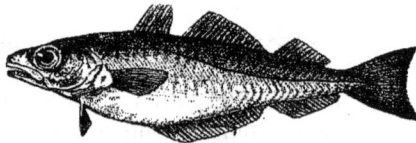

Merlan commun.

Ces animaux vivent en troupes et font leur nourriture de poissons, vers, crustacés et mollusques. Le genre gade renferme une des espèces les plus précieuses au point de vue alimentaire : le gade morue ou morue franche qui est l'objet d'une pêche active et d'un commerce très important. La chair des autres espèces nous offre également un mets précieux.

Les **merlans** sont assez communs sur nos côtes ; sur quatre espèces françaises, trois se rencontrent dans la mer du Nord, la Manche et l'Océan ; la quatrième, le merlan poutassou, ne se voit que dans la Méditerranée. Les merlans vivent de vers, de crustacés, mollusques, petits poissons ; leur chair est assez délicate.

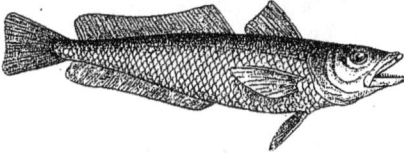

Merluche ordinaire.

La **merluche ordinaire** est répandue dans la Méditerranée, l'Océan et la Manche ; elle recherche les fonds de roche ; elle montre une prédilection toute particulière pour les maquereaux, les harengs et les sardines ; sa chair est tendre et d'assez bon goût.

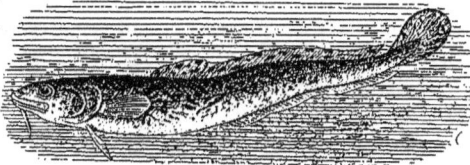

Lote commune.

Les **lotes** sont représentées chez nous par trois espèces : la lote commune qui se trouve dans la plupart de nos cours d'eau ; la lote lingue qui fréquente le littoral de l'Océan, où elle est toujours assez rare et la lote allongée qui habite la Méditerranée. Ces animaux se nourrissent de vers, insectes, mollusques, jeunes poissons ; leur chair est très recherchée.

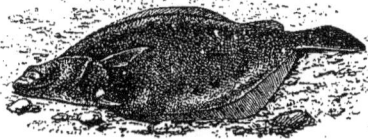

Limande commune.

Le **phycis blennoïde** est commun dans la Méditerranée ; l'hiver il s'approche du littoral et recherche pour s'y établir les endroits peu profonds, aussi est-ce principalement à cette époque qu'on le pêche; sa chair est rougeâtre; elle constitue un aliment déiicat.

Les **mustèles** se trouvent dans la Méditerranée, la Manche et l'Océan; elles aiment les fonds rocheux, situés à une faible profondeur et garnis d'algues; elles vivent d'insectes aquatiques, petits crustacés, jeunes poissons.

La **limande commune** est assez abondante dans la mer du Nord, la Manche et l'Océan; elle préfère les fonds sablonneux et se nourrit de petits poissons, crustacés et mollusques; sa chair est de bon goût.

La **plie carrelet** est très répandue dans la mer du Nord, la Manche et l'Océan, où elle recherche les fonds sableux; elle remonte parfois les cours d'eau dont le lit est garni de sable et s'acclimate aisément

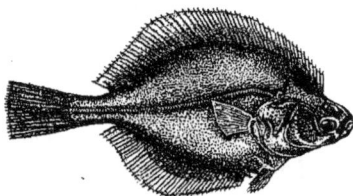

Flet commun.

dans les eaux douces; sa nourriture se compose de petits poissons, crustacés, annélides, sa chair est bonne à manger.

Les **flets** sont assez abondants dans nos mers; le flet commun habite toutes nos côtes de l'Ouest; le flet moineau se tient plus particulièrement dans la Méditerranée. Ces poissons se rencontrent à la fois sur les fonds vaseux et les fonds sableux; ils remontent parfois les eaux douces jusqu'à une assez grande distance du littoral; ils se nourrissent d'insectes, mollusques, petits poissons; leur chair est estimée.

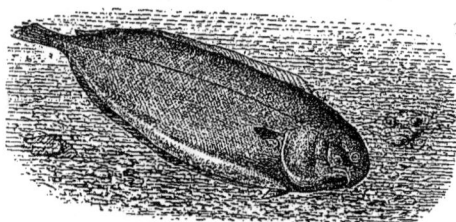

Sole, commune.

Les **soles** sont représentées en France par quatre espèces principales; la sole commune et la sole lascaris, qui fréquentent toutes nos côtes; la sole à pectorale noire et la sole sétau, qui se trouvent particulièrement dans le golfe de Gascogne. Ces animaux se pêchent parfois dans les eaux douces où ils pénètrent assez fréquemment. Les soles vivent de frai de poisson, vers, coquillages, ainsi que d'herbes aquatiques; elles sont recherchées pour la table.

Les **pleuronectes** ne se rencontrent guère que dans la Méditerranée; le pleuronecte cardine, cependant, fréquente également le golfe de Gascogne. Comme les autres poissons plats ils se tiennent presque constamment au fond de l'eau; leur nourriture se compose de frai, vers et coquillages.

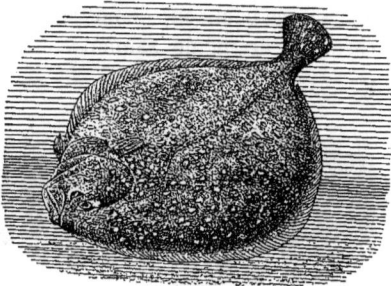

Turbot.

Le **turbot** et la **barbue** habitent toutes nos côtes; ils se plaisent près du littoral sur les fonds sableux mais se retirent en hiver dans les profondeurs; ils sont très voraces et font leur nourriture de petits poissons et de crustacés. La chair des turbots est un mets fort délicat.

Les **lépadogastères** sont des poissons de littoral qui se trouvent surtout dans la Méditerranée et l'Océan et recherchent les endroits rocheux où l'eau est peu profonde; ils se nourrissent d'animaux de petite taille, principalement de crustacés.

Les **cyprins** sont des poissons d'eau douce dont nous possédons en France trois espèces.

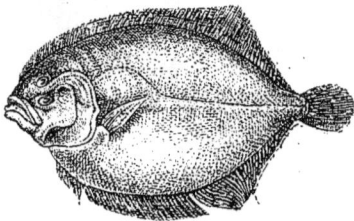

Barbue commune.

La carpe commune se rencontre dans la plupart de nos cours d'eau où elle préfère les eaux calmes dont le fond est vaseux; elle vit de larves, insectes, vers, débris végétaux, etc. Le carassin commun est beaucoup moins répandu et ne se trouve que dans quelques-uns de nos départements de l'Est et du Nord; ses mœurs sont les mêmes que celles de la carpe. Le carassin doré ou poisson rouge est une espèce exotique qui ne se voit que dans les aquariums et les bassins, mais elle est si connue que nous devons la mentionner.

La carpe et le carassin sont très recherchés pour l'alimentation.

Les **barbeaux** vivent dans les eaux courantes pures et limpides ; le barbeau commun se trouve dans presque tous nos cours d'eau ; le barbeau méridional habite principalement les rivières de nos départements du Sud. Ces animaux se tiennent ordinairement au-dessus des fonds caillouteux, dans les endroits où le courant est rapide ; ils font leur nourriture de poissons, mollusques, vers, insectes ; leur chair est excellente.

La **tanche vulgaire** est répandue dans beaucoup de nos rivières ; elle vit bien dans les eaux vaseuses et même saumâtres ; elle recherche les fonds bourbeux et prospère dans des endroits où nulle autre espèce ne saurait subsister. La tanche se nourrit de mollusques, vers, insectes, débris végétaux ; sa chair est comestible.

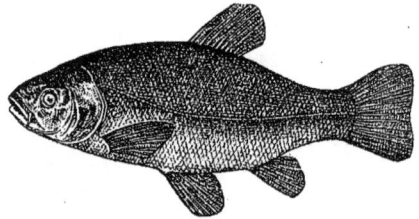

Tanche vulgaire.

Le **goujon de rivière** se plaît dans les eaux vives à fond sableux ; il est sociable et vit par troupes ; il recherche, pour s'en nourrir, les vers, les débris organiques, les matières végétales. La chair de ce poisson est des plus savoureuses.

La **bouvière commune** est assez répandue dans le bassin de la Seine ainsi que dans nos cours d'eau de l'Est et du Centre ; elle affectionne les eaux dont le fond est garni de gravier ; sa nourriture se compose de petits crustacés, vers et larves. La chair de ce poisson possède une saveur amère qui fait qu'elle ne peut être utilisée pour l'alimentation.

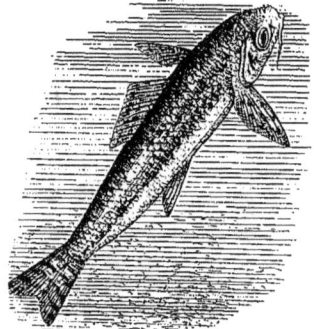

Goujon de rivière.

Le **vairon commun** habite les eaux douces, claires et fraîches, à fond sableux ; il se nourrit de vers, petits insectes, débris animaux et végétaux de toute espèce. Sa chair rappelle par sa saveur celle du goujon.

Les **brèmes** se rencontrent dans la plupart de nos rivières ; elles recherchent les eaux tranquilles et se plaisent dans les fonds sablonneux et argileux ; leur alimentation se compose de petits mollusques, larves, vers, insectes, matières végétales en décomposition. La chair de la brème commune est estimée ; celle de la bordelière est molle et souvent l'animal est rempli de vers intestinaux.

Vairon commun.

Les **ablettes** vivent en troupes dans les eaux douces ; l'ablette commune est très répandue dans toute la France ; l'ablette spirlin n'habite guère que les départements du Nord. Ces petits poissons sont très voraces et se jettent avec avidité sur les insectes, les vers et les petits mollusques. Leur chair, sans être très délicate, est d'assez bon goût.

Le **rotengle** ou **gardon rouge** est commun dans presque toutes nos eaux douces ; il préfère cependant les eaux dormantes ; il cherche dans la vase les vers, les insectes, les plantes aquatiques dont il fait sa nourriture. La chair de ce poisson est blanche et très savoureuse.

Le **gardon commun** vit en troupes dans la plupart de nos cours d'eau, se nourrissant de vers, d'insectes, d'herbes ; c'est un animal méfiant, aux allures vives ; sa chair est assez bonne mais inférieure, comme qualité, à celle du rotengle.

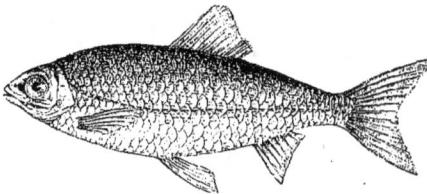

Gardon commun.

L'**ide jesse** ne se trouve en France que dans les départements du Nord-Est ; elle recherche les eaux profondes fraîches et limpides et fait principalement sa nourriture de vers et d'insectes. L'ide nous fournit une chair assez délicate.

Les **chevaines** sont assez répandus en France ; le chevaine commun ou meunier et le chevaine vandoise se trouvent dans la plupart de nos cours d'eau ; le chevaine soufle n'habite que la région du Sud-Est. Ces animaux préfèrent les endroits où le courant est rapide et l'eau claire ; ils détruisent le frai des autres poissons, les vers, les insectes. Le meunier et le chevaine soufie sont comestibles, cependant, le premier n'est pas très estimé ; la chair de la vandoise est assez délicate.

Le **chondrostome nase** fréquente presque tous nos cours d'eau du Nord et de l'Est. Il vit par bandes nombreuses et se tient près des fonds sablonneux ; sa nourriture consiste la plupart du temps en vers et en matières végétales ; sa chair est utilisée dans l'alimentation.

Les **loches** sont communes dans presque toutes nos eaux douces. Pendant le jour elles se tiennent cachées dans la vase ou sous des pierres ; ce n'est que vers le coucher du soleil qu'elles se mettent à la recherche de leur nourriture, composée d'œufs, vers,

Loche franche.

insectes aquatiques, petits mollusques. La loche franche est un mets délicat ; la loche de rivière, au contraire, est peu estimée à cause de la dureté et du mauvais goût de sa chair.

Le **hareng commun** fréquente principalement la mer du Nord, la Manche et l'Océan ; on en voit souvent des troupes considérables à l'embouchure des fleuves où la marée se fait sentir. Les harengs s'approchent des côtes à l'époque du frai et sont alors l'objet d'une pêche active. Ils peuvent être consommés soit frais, soit conservés par le sel ou fumés ; chacun connaît, d'ailleurs, l'utilité de ces animaux au point de vue alimentaire.

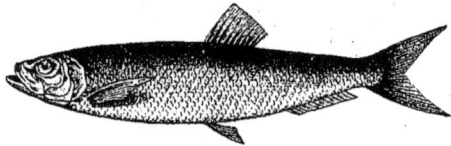

Hareng commun.

Les **melettes** se tiennent ordinairement à une assez grande profondeur dans la mer et ne s'approchent du littoral qu'à certaines époques ; la melette phalérique habite surtout la Méditerranée, tandis que la melette esprot fréquente la Manche et l'Océan. Ces animaux sont comestibles.

La **harengule blanquette** est assez commune sur nos côtes de l'Ouest ; elle vit par bandes comme les harengs dont elle se rapproche beaucoup. Ce petit poisson possède une grande vitalité et peut vivre encore plusieurs heures après qu'il a été tiré de l'eau ; sa chair sert à l'alimentation.

Les **aloses** se rencontrent sur tout notre littoral ; au commencement du printemps l'alose commune et l'alose feinte remontent les eaux douces pour frayer ; c'est également à l'époque du frai que la sardine s'approche des rivages. Les aloses vivent de crustacés, mollusques, vers, insectes, petits poissons ; leur chair est comestible, mais l'espèce la plus utile au point de vue alimentaire est sans contredit la sardine.

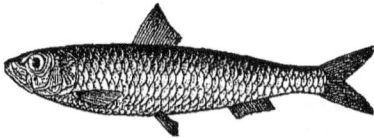

Alose sardine.

L'**anchois vulgaire** se trouve sur toutes nos côtes, mais il est particulièrement commun dans la Méditerranée ; il vit par troupes serrées, se nourrissant d'insectes, œufs, petits poissons. La chair de l'anchois est fort estimée.

Le **brochet commun** habite presque tous nos cours d'eau et nos étangs. C'est un poisson excessivement vorace qui s'attaque souvent à des proies presque aussi grosses que lui : mammifères, oiseaux, reptiles, poissons ; sa chair est blanche, ferme et de bon goût.

Les **orphies** sont des poissons de mer remarquables par leurs mâchoires prolongées en une sorte de bec ; l'orphie vulgaire se pêche sur tout notre littoral ; l'orphie aiguille est spéciale à la Méditerranée. En été, ces animaux s'approchent de nos rivages en troupes nombreu-

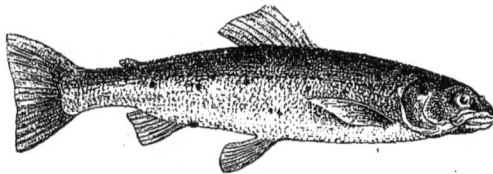

Saumon commun.

ses ; ils font principalement leur nourriture de petits poissons. La chair des orphies est assez savoureuse.

Dans le genre **saumon**, on réunit généralement au saumon

POISSONS. 157

proprement dit les truites et l'omble chevalier. Le saumon commun se trouve dans la Manche et l'Océan ainsi que dans la plupart de nos rivières qui se déversent dans ces mers ; il naît au printemps dans les eaux douces et gagne la mer où il reste jusqu'à ce qu'il soit adulte ; à cet état, il remonte annuellement en troupes les fleuves et les rivières pour frayer. La truite de mer se rencontre dans la mer du Nord, la Manche et l'Océan jusqu'à la Loire ; elle paraît avoir les mêmes habitudes que le saumon commun. La truite commune habite un grand nombre de nos rivières ; elle préfère une eau claire, froide, à courant rapide et à fond pierreux. L'omble chevalier ne fréquente que les cours d'eau de nos provinces de l'Est où il recherche les endroits les plus profonds.

Les saumons se nourrissent d'insectes, vers, œufs, jeunes poissons ; leur chair est excellente. Des tentatives nombreuses ont été faites depuis un certain nombre d'années pour repeupler nos rivières et y acclimater diverses espèces de salmonidés américains ; elles semblent donner d'excellents résultats.

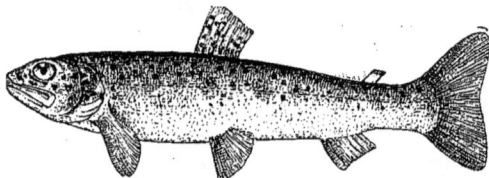

Truite commune.

L'éperlan commun se voit sur nos côtes de l'Ouest ; il remonte au printemps les rivières pour frayer et retourne à la mer vers la fin d'août. La nourriture de ce poisson consiste en vers et débris organiques ; sa chair est très bonne et possède un parfum assez agréable.

L'ombre commune habite principalement les cours d'eau de l'est de la France et se plaît dans les rivières limpides à fond sablonneux ; elle vit de mollusques, vers, insectes, frai ; sa chair est très estimée.

Les corégones sont des poissons de lacs qu'on trouve en France dans le lac de Genève et le lac du Bourget. Ils se nourrissent d'insectes, petits animaux, débris organiques. Leur chair est délicieuse, aussi sont-ils très recherchés pour l'alimentation.

VI. — APODES.

L'ordre des apodes renferme des poissons au corps allongé, recouvert d'une peau épaisse presque toujours nue ; leur bouche est dentée ; les nageoires ventrales manquent et les pectorales font souvent défaut.

Nous citerons trois espèces principales d'apodes, formant trois genres et deux familles.

Anguillidés

		Longueur.
ANGUILLE........	Anguille vulgaire (*Anguilla vulgaris*).........	0m.70
CONGRE........	Congre commun (*Conger vulgaris*)..........	1m.25

Murénidés

MURÈNE........	Murène hélène (*Muræna helena*).............	0m.90

L'anguille vulgaire se voit dans la plupart de nos eaux ; chaque année elle arrive de la mer en bandes nombreuses et pénètre dans les étangs où elle s'enfonce dans la vase ; on appelle *montée* la masse des jeunes qui remontent les eaux douces au printemps. Dès le début de l'hiver l'anguille regagne les eaux salées.

La facilité qu'a l'anguille de remonter les cours d'eau, de franchir les courants les plus rapides et les pentes les plus abruptes pourvu qu'elles soient humides ou herbeuses, explique la présence de ce poisson dans des lacs intérieurs situés à une assez grande altitude.

L'anguille est très vorace ; elle se nourrit de matières organiques en décomposition, insectes, vers, frai, jeunes poissons, qu'elle recherche pendant la nuit. Parfois elle sort de l'eau pour se rendre par terre d'un étang dans un autre. Sa vitalité est telle qu'après avoir été écorchée et coupée en morceaux, les tronçons s'agitent encore pendant quelque temps.

La chair de l'anguille est saine, nourrissante et de très bon goût, surtout lorsque ce poisson a vécu dans les eaux vives et courantes. Elle entre pour une grande part dans le régime alimentaire des populations des côtes maritimes et, dans certaines localités, telles que Comacchio, la pêche des anguilles est une véritable source de richesse. Là, en effet, ces poissons sont capturés en si grand nombre que, indépendamment de ceux qu'on exporte pour être mangés à l'état frais, on en sale, on en fume des quantités considérables qui sont expédiées dans les diverses régions de l'Europe.

Le **congre commun** ou **anguille de mer** se trouve sur toutes nos côtes ; il se tient près du littoral, surtout dans le voisinage de l'embouchure des fleuves. Sa nourriture consiste en poissons, crustacés, mollusques ; sa chair, de qualité inférieure à celle de l'anguille, est cependant très estimée.

La **murène hélène** habite la Méditerranée et recherche les eaux profondes ; au printemps elle vient près des côtes pour frayer. Cet animal se nourrit de poissons, crustacés, mollusques ; sa chair est assez recherchée bien qu'elle soit un peu grasse.

A l'époque de la décadence de Rome on vit faire à l'occasion des murènes des prodigalités inouïes. Des sommes considérables étaient consacrées à l'entretien des viviers et des piscines. Luscinius Crassus s'était fait à Rome une véritable célébrité pour la richesse de ses viviers de murènes et, s'il faut en croire la tradition, ces poissons obéissaient à la voix de leur maître et venaient chercher leur nourriture jusque dans sa main.

La gourmandise était poussée à un tel point chez certains raffinés romains qu'il n'était point de cruauté qui leur coûtât pour satisfaire leur passion. On sait que Vadius Pollion, riche affranchi favori d'Auguste, faisait jeter des esclaves dans ses viviers, se fondant sur ce préjugé que les murènes sont surtout délicates lorsqu'elles ont été nourries de chair humaine.

On raconte même, à ce sujet, l'anecdote suivante : Un jour que Pollion recevait à dîner l'empereur Auguste, un esclave, qui avait eu la maladresse de briser un vase précieux, fut condamné par l'amphitryon à être jeté aux murènes. L'empereur fit grâce au malheureux et, pour témoigner son indignation, ordonna qu'on brisât aussitôt tous les vases précieux qui se trouvaient chez l'illustre gourmand.

VII. — CYCLOSTOMES.

Les cyclostomes ont le corps allongé, nu et visqueux, de forme à peu près cylindrique ; leur squelette est cartilagineux ou fibro-cartilagineux ; les nageoires ventrales et les pectorales manquent ; la bouche, circulaire ou demi-circulaire, est disposée en suçoir ; la respiration s'effectue par des ouvertures, au nombre de sept de chaque côté du corps, et disposées sur une même ligne longitudinale.

Les cyclostomes sont représentés chez nous par trois espèces formant un genre et une famille.

Pétromyzonidés

		Longueur.
	Lamproie marine (*Petromyzon marinus*).....	0m.80
LAMPROIE....... {	Lamproie fluviatile (*Petromyzon fluviatilis*)...	0m.30
	Lamproie de Planer (*Petromyzon Planeri*) ...	0m.18

Les **lamproies** se tiennent presque toujours au fond de l'eau ; leur bouche, agissant comme ventouse, leur permet de se fixer aux corps étrangers et cela avec une force telle qu'on a vu des lamproies enlever ainsi des pierres dont le poids était double de celui de leur corps. La lamproie marine est assez commune dans nos mers ; elle remonte les fleuves au printemps jusqu'à une assez grande distance de leur embouchure. La lamproie

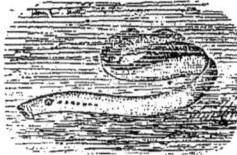

Lamproie fluviatile.

fluviatile, sans être très répandue, habite la plupart de nos rivières. La lamproie de Planer se trouve dans les petits cours d'eau à fond vaseux.

Les lamproies sont très voraces ; elles se nourrissent d'insectes, de mollusques, d'animaux morts, de poissons auxquels elles s'attachent au moyen de leur redoutable suçoir, ainsi que de débris de toute espèce. Elles se creusent au fond des cours d'eau une sorte d'entonnoir très évasé au fond duquel elles se fixent. On les y harponne au moyen de petites fourchettes plates et barbelées.

La chair des lamproies est très délicate; les anciens en faisaient grand cas et élevaient la lamproie marine dans des piscines situées à proximité de la mer. Tel était le vivier construit par C. Hirtius et dont la plupart des lamproies furent dévorées aux festins offerts aux Romains lors des triomphes de Jules César.

C'est au printemps que la chair des lamproies a le plus de qualités; celle du mâle est surtout très appréciée, mais on assure qu'elle perd de sa saveur lorsque l'animal est cordé, c'est-à-dire lorsque la corde dorsale cartilagineuse, qui remplace la colonne vertébrale, s'est durcie avec l'âge.

Dans certains pays où ces poissons sont fort abondants, on les conserve en les faisant griller et en les mettant dans des barils avec du vinaigre et des épices; à Hambourg on les sale; à Dantzig on les fume. Après leur avoir fait subir ces divers préparations, on les expédie dans des contrées plus ou moins éloignées où ils paraissent sur les meilleures tables. La graisse des lamproies est adoucissante et émolliente : on lui attribuait jadis la propriété de faire disparaître lès marques de la petite vérole.

Comme l'anguille, la lamproie présente une remarquable vitalité : on a remarqué que des lamproies, auxquelles il ne restait plus que la tête et la partie antérieure du corps, pouvaient encore coller leur bouche fortement, et pendant plusieurs heures, à des corps qu'on leur présentait.

VIII. — AMPHIOXIENS.

Les amphioxiens sont les plus rudimentaires des poissons; ils semblent former le passage naturel entre les vertébrés et les invertébrés. Ces animaux ont un squelette membrano-cartilagineux; le corps est fusiforme, terminé en pointe, et la tête se confond avec le corps; le cœur est remplacé par un vaisseau longitudinal; l'appareil digestif et l'appareil respiratoire sont très élémentaires.

Nous n'en avons chez nous qu'une seule espèce formant un genre et une famille.

Branchiostomidés

		Longueur.
BRANCHIOSTOME.	Branchiostome lancéolé (*Branchiostoma lanceolatum*)...........................	0m.04

Le branchiostome lancéolé ou **amphioxus lancéolé** habite les bancs de sable qui ne sont découverts que lors des plus basses marées ; il est très commun dans certaines localités, mais on connaît peu ses mœurs. Ce petit animal porte à la bouche des sortes de filaments qu'on avait pris d'abord pour des branchies et qui lui avaient fait donner le nom de branchiostome.

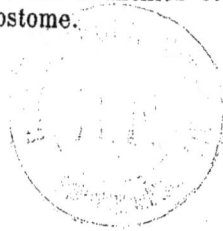

Brochet commun.

INDEX ALPHABÉTIQUE

A

Ablettes. 137, 154.
Acanthodactyle. 106, 107.
Accenteurs. 61, 72.
Aigle. V. Maigre.
Aigle. V. Myliobate.
Aigles. 48, 51, 52.
Aigrette. V. Hérons.
Aiguillats. 121, 124, 125.
Aiguilles de mer. V. Syngnathes.
Albatros. 94, 97.
Alcyon. V. Martin-pêcheur.
Aloses. 137, 156.
Alouettes. 61, 73.
Alyte. 114, 115.
Ammodytes. 135, 149.
Amphibies. 37.
Amphioxiens. 160.
Amphioxus. V. Branchiostome.
Anchois. 137, 156.
Ane. 31, 32.
Ange. V. Squatine.
Anguille. 158.
Anguille de mer. V. Congre.
Anorthure. 59, 68.
Anoures. 113.
Anthias. V. Barbier.
Aphye. 131, 140.
Apodes. 158.
Apron. 132, 142.
Argentin. V. Lépidope.
Aspic. V. Vipères.
Aspidophore. 131, 141.
Athérines. 135, 148, 149.
Autour. V. Éperviers.
Avocette. V. Récurvirostre.

B

Balbuzard. V. Aigles.
Baleines. 40, 41, 42, 43, 44.
Baleinoptères. 40.
Bars. 132, 142.
Barbastelle. 11.
Barbeaux. 136, 153.
Barbier. 132, 142, 143.
Barbillon. V. Barbeau.
Barbotin. V. Loche franche.
Barbue. 136, 152.
Bardeau. 32.
Barges. 84, 88.
Batraciens. 113.
Baudroies. 130, 139, 140.
Bécasses. 84, 89, 90.
Bécasseaux. 84, 89.
Bécassine. V. Bécasses.
Becfigues. V. Gobe-mouches.
Becs-croisés. 74, 77.
Bec-trompette. V. Récurvirostre.
Belette. 14, 17, 18.
Bergeronnettes. 61, 72, 73.
Bièvre. V. Harles.
Bihoreau. V. Hérons.
Biset. V. Pigeons.
Blade. V. Oblade.
Blaireau. 15, 19, 20.
Blanquette. V. Harengule.
Blennies. 130, 138.
Bleu. V. Requin.
Blongios. V. Hérons.
Bœuf. 32, 33.
Bogues. 133, 146.
Bondrée. V. Buse.
Bouquetins. 32, 33.

Bouvière. 137, 153.
Bouvreuils. 74, 77.
Brachyote. V. Hiboux.
Branchiostome. 160.
Brèmes. 137, 154.
Brochet. 137, 156, 160.
Bruants. 74, 75.
Buzards. 47, 51.
Buses. 48, 52, 53.
Butor. V. Hérons.

C

Cachalot. 40, 42, 43, 44.
Caille. 80, 82.
Calandre. V. Alouettes.
Callionymes. 130, 139.
Campagnols. 24, 25, 26.
Canards. 95, 99.
Canards. V. Fuligules.
Canepetière. V. Outardes.
Canthère. 133, 146.
Capelan. V. Gades.
Carassin. V. Cyprins.
Carcharodonte. 120, 123.
Carnivores. 14.
Carnivores. 47.
Carpe. V. Cyprins.
Carrelet. V. Plie.
Casse-noix. 54, 55.
Castor. 25, 29.
Centrolophe. 133, 145.
Cerfs. 33, 34, 35.
Cernier. 132, 142.
Cétacés. 38.
Cettis. 59, 68.
Chabot. V. Cotte.
Chamois. 33, 34.
Charax. 133, 146.
Chardonnerets. 74, 75, 76.
Chat. 14, 16.
Chat-huant. V. Chouettes.
Chat sauvage. 14, 17, 20.
Chats de mer. V. Grèbes.
Chauves-souris. V. Chéiroptères.
Chavoche. V. Chouette chevêche.
Chéiroptères. 10.
Chélonées. 104.
Chéloniens. 103.

Chersites. 103, 104.
Chevaines. 137, 154, 155.
Cheval. 31, 32.
Chevaliers. 84, 88.
Chevaux marins. V. Hippocampes.
Chevêche. V. Chouettes.
Chevesnes. V. Chevaines.
Chèvre. 32, 33.
Chevreuil. 33, 34, 35.
Chien. 14, 15.
Chiens de mer. V. Émissoles et Milandre.
Chipeau. V. Canards.
Chocard. 54, 55.
Chondrostome. 137, 155.
Chorignathes. 130.
Choucas. V. Corbeaux.
Chouettes. 47, 48, 49, 50, 51.
Chromis. 134, 147.
Cigognes. 84, 90, 91.
Cincle. 60, 71.
Circaète. V. Aigle Jean-le-blanc.
Cistude. 104, 105.
Cobaye. 25, 29, 30.
Cochevis. V. Alouettes.
Cochon de seigle. V. Hamster.
Cochon d'Inde. V. Cobaye.
Cœlopeltis. 109, 110, 111.
Colombes. V. Pigeons.
Colombin. V. Pigeons.
Colombins. 79.
Combattant. 84, 88, 89.
Congre. 158.
Coq. 80, 82.
Coq de bruyère. V. Tétras.
Coq de marais. V. Combattant.
Coracin de mer. V. Corb.
Corb. 132, 143.
Corbeaux. 54, 55.
Corbeau. V. Corb.
Corégones. 138, 157.
Cormorans. 94, 98.
Corneille. V. Corbeaux.
Coronelles. 109, 110.
Cottes. 131, 141.
Coucou. 58, 65.
Couleuvres. V. Cœlopeltis, Coronelles, Élaphes, Rhinechis, Tropidonotes, Zaménis.
Courlis. 84, 89, 90.

Court-vite. 83, 86.
Crabier. V. Hérons.
Crapauds. 114, 116.
Crave. 54, 55.
Crécerelle. V. Faucons.
Crénilabres. 137, 144.
Cul-blanc. V. Chevaliers.
Cul-blanc. V. Traquets.
Cyclostomes. 159.
Cygnes. 94, 99.
Cyprins. 136, 152.
Cysticole. 59, 67, 68.

D

Daim. 33, 34, 35.
Dard. V. Espadon.
Dauphins. 39, 40.
Daurade. 133, 146.
Delphinorhynques. 39.
Denté. 133, 146, 147.
Denticètes. 39, 41.
Desman. 21, 22.
Dioplodons. 39.
Donzelle. V. Girelle.
Dorade. V. Daurade.
Dorées. V. Zées.
Double-bécassine. V. Bécasses.
Draine. V. Grives.
Dur-bec. V. Bouvreuils.

E

Échasse. 84, 87, 88.
Échassiers. 83.
Échelette. V. Tichodrome.
Écureuil. 24, 28, 29.
Effraye. V. Chouettes.
Eglefin. V. Gades.
Eider. V. Fuligules.
Élaphes. 108, 109, 110.
Émérillon. V. Faucons.
Émissoles. 120, 123.
Émouchets. V. Faucons.
Empereur. V. Espadon.
Engoulevent. 59, 66, 67.
Entelures. 127, 128.
Épée. V. Espadon.

Épeiche. V. Pics.
Épeichette. V. Pics.
Éperlan. 138, 157.
Éperviers. 48, 52.
Épinoches. 134, 147, 148.
Épinoche de mer. 134, 148.
Espadon. 133, 145.
Esprot. V. Melette.
Esturgeon. 126.
Étourneau. 54, 56, 57.

F

Faisan. 80, 82.
Falcinelle. V. Ibis.
Fanfré. V. Centrolophe.
Faucons. 48, 52.
Fauvettes. 60, 68, 69.
Feinte. V. Aloses.
Finte. V. Aloses.
Flammant. 83, 87.
Flets. 136, 151.
Fou. 94, 98.
Fouine. 14, 17, 18.
Foulques. 85, 92.
Freux. V. Corbeaux.
Friquet. V. Moineaux.
Fuligules. 95, 99, 100.
Furet. 14, 18.

G

Gades. 135, 149, 150.
Gallinacés. 80.
Gallinule. V. Poule d'eau.
Ganga. 80, 81.
Gardon. 137, 154.
Gardon rouge. V. Rotengle.
Garrot. V. Fuligules.
Gastré. V. Épinoche de mer.
Geai. 54, 56.
Geai d'Espagne. V. Gros-bec.
Gélinotte. V. Tétras.
Gélinotte des Pyrénées. V. Ganga.
Genette. 14, 17, 20.
Gerfauts. 48, 52.
Girelles. 134, 147.

Glaréole. 83, 85.
Globicéphales. 39, 41.
Gobe-mouches. 59, 67.
Gobies. 131, 139, 140.
Goêlands. 93, 96.
Gonnelle. 130, 139.
Gorge-rouge. V. Rubiettes.
Goujon. 137, 153.
Grampus. 39.
Grand-duc. V. Hiboux.
Granivores. 74.
Grèbes. 95, 100, 101.
Gremille. 132, 142.
Grenouilles. 114, 115.
Grimpereau. 58, 63, 64.
Griselet. V. Accenteur mouchet.
Grives. 60, 69, 70.
Grondins. V. Trigles.
Gros-bec. 74, 77.
Grue. 84, 90.
Guêpier. 58, 65, 66.
Guignard. V. Pluviers.
Guignard. V. Grive à plastron.
Guillemots. 95, 101.
Gypaète. 48, 53.

H

Hamster. 24, 25.
Hareng. 137, 155.
Harengule. 137, 156.
Harfang. V. Chouettes.
Harles. 95, 100.
Hémidactyle. 105, 107.
Hérisson. 21, 22.
Hermine. 14, 17, 18, 20.
Hérons. 85, 91.
Hexanche. 121, 124.
Hiboux. 47, 48, 49, 50, 51.
Hippocampes. 127, 128.
Hirondelles. 59, 66.
Hirondelles de mer. V. Sternes.
Hobereau. V. Faucons.
Hoche-queue. V. Bergeronnettes.
Huîtrier. 83, 87.
Hulotte. V. Chouettes.
Huppe. 61, 71, 72.
Hyperoodon. 40.
Hypolaïs. 59, 68.

I

Ibis. 84, 90.
Ide. 137, 154.
Insectivores. 21.
Insectivores. 57.

J

Jaseur. 60, 69, 70.
Jumentés. 31.

L

Labbes. V. Stercoraires.
Labres. 134, 147.
Lagopèdes. 80, 81.
Lamie. 120, 122.
Lamie. V. Carcharodonte.
Lampris. 133, 145.
Lamproies. 159.
Lanier. V. Faucons.
Lapins. 25, 31.
Lavandières. V. Bergeronnettes.
Lépadogastère. 136, 152.
Lépidope. 133, 145.
Lérot. V. Loirs.
Lézards. 105, 106, 107.
Liche commune. 121, 125.
Liche glaycos. 133, 144.
Lièvres. 25, 30.
Limande. 136, 150, 151.
Linottes. 74, 76.
Litorne. V. Grives.
Loches. 137, 155.
Locustelle. 59, 68.
Loirs. 24, 28.
Lophobranches. 127.
Loriot. 60, 69, 70.
Lotes. 135, 150.
Loup. 14, 15, 16, 20.
Loup-cervier. 17.
Loutre. 14, 18, 19, 20.
Lumme. V. Guillemots.
Lune de mer. V. Orthagorisque.
Lynx. 14, 17.

M

Macareux. 95, 101.
Macreuse. V. Fuligule.
Macrorhamphe. 84, 89.
Maigre. 132, 143.
Malarmat. V. Péristédion.
Mammifères. 9.
Maquereau. V. Scombres.
Marmotte. 25, 29.
Marmotte d'Allemagne. V. Hamster.
Marouette. V. Râles.
Marsouin. 39, 40, 41.
Marte. 14, 17, 18, 20.
Marteau. 120, 124.
Martinets. 59, 66, 67.
Martin-pêcheur. 61, 71, 72.
Martin roselin. 54, 57.
Martre. V. Marte.
Mauvis. V. Grives.
Melettes. 137, 155.
Mendoles. 133, 147.
Mergule. 95, 101.
Merlans. 135, 149, 150.
Merle. V. Grives.
Merluche. 135, 150.
Merlus. V. Merluche.
Meunier. V. Chevaine commun.
Mésanges. 58, 62, 63.
Milans. 48, 53.
Mélandre. 120, 123, 124.
Minioptère. 11.
Moineaux. 75, 78.
Mole. V. Orthagorisque.
Morue. V. Gades.
Motelle. V. Mustèle.
Motteux. V. Traquets.
Mouchet. V. Accenteurs.
Mouettes. V. Goélands.
Mouflon. 32, 33.
Mouton. 32, 33.
Moyen-duc. V. Hiboux.
Muges. 134, 148.
Mulet. 32.
Mulet. V. Chondrostome.
Mulles. 131, 140.
Mulot. 27, 28.
Murène. 158.
Musaraignes. 21, 22, 23.

Mustèles. 135, 151.
Myliobate. 121, 125, 126.
Mysticètes. 40, 41, 42, 43, 44.

N

Naucrate. 132, 144.
Néophron. 48, 53.
Nez. V. Lamie.
Nyctinome. 11.

O

Oblade. 133, 146.
OEdicnème. 83, 86.
Oies. 94, 98, 99.
Oiseaux. 45.
Oiseaux de proie. V. Carnivores.
Omble. V. Saumons.
Ombre. 138, 157.
Ombrine. 132, 143.
Omnivores. 54.
Orfraie. V. Chouette effraye.
Ophidies. 135, 149.
Ophidiens. 108.
Oreillard. 11, 12.
Orphie. 138, 156.
Orque. 39, 42.
Orthagorisque. 129.
Ortolan. V. Bruants.
Orvet. 106, 108.
Ours. 15, 19, 20.
Outardes. 83, 85, 86.
Oxyrhine. 120, 122.

P

Pagels. 135, 146.
Palmipèdes. 93.
Paon. 80, 82.
Papillon de mer. V. Gonnelle.
Passereaux. V. Omnivores, Insecti-
vores et Granivores.
Pastenague. 121, 126.
Pélamyde. 132, 143.
Péliade. V. Vipères.
Pélican. 94, 97, 98.

Pélobates, 114, 115.
Pélodyte. 114, 115.
Perchaude. V. Perche.
Perche. 132, 141, 142.
Perche goujonnière. V. Gremille.
Percnoptère. V. Néophron.
Perdrix. 80, 81.
Perdrix de mer. V. Glaréole.
Péristédion. 131, 140, 141.
Perroquet de mer. V. Macareux.
Petit-duc. V. Hiboux.
Pétrel. 94, 97.
Pétrocincles. 60, 70.
Phalaropes. 85, 92.
Phoques. 37, 38.
Phragmites. 59, 67, 68.
Phycis. 135, 150, 151.
Pics. 58, 64.
Picarels. 133, 147.
Pie. 54, 56.
Pie de mer. V. Huîtrier.
Pies-grièches. 57, 61, 62.
Pies-grièves. V. Pies-grièches.
Pierrot. V. Moineaux.
Pigeons, 79, 80.
Pilet. V. Canards.
Pilote. V. Naucrate.
Pingouin. 95, 101, 102.
Pinsons. 74, 76, 77.
Pintade. 80, 81.
Pipits. 61, 73.
Pitchou. V. Fauvette provençale.
Platydactyle. 105, 106.
Plectognathes. 129.
Pleuronectes. 136, 152.
Plie. 136, 151.
Plongeons. 95, 100.
Pluviers. 83, 86, 87.
Poissons. 119.
Poisson-lune. V. Orthagorisque.
Porc. 36, 37.
Porcins. 36.
Porc sauvage. V. Sanglier.
Pouillots. 60, 68, 69.
Poule d'eau. 85, 92.
Prêtre. V. Athérine.
Psammodrome. 105, 107.
Puffins. 94, 97.
Putois. 14, 17, 19, 20.
Pygargue. V. Aigle à queue blanche.

Q

Queue-rouge. V. Rubiette rouge-
  queue.
Quic. V. Pipit farlouse.
Quinquin. V. Pinson commun.

R

Racasse. V. Rousserolle turdoïde.
Ragasse. V. Pic.
Raies. 121, 125.
Rainette. 114.
Râles. 85, 91, 92.
Ramier. V. Pigeons.
Rapaces. V. Carnivores.
Rascasse. V. Scorpène.
Rats. 24, 26, 27.
Rat. V. Uranoscope.
Rat d'eau. V. Campagnols.
Rat des moissons. V. Souris.
Rébétin. V. Troglodyte.
Récurvirostre. 84, 88.
Rémiz. V. Mésanges.
Rémouleur. V. Locustelle.
Renard. 14, 15, 16, 20.
Renard. 120, 122.
Reptiles. 103.
Requin. 120, 124.
Rhinolophes. 10, 11, 12.
Rhinechis. 108, 109.
Riqueux. V. Rubiette rouge-gorge.
Ritelet. V. Troglodyte.
Roitelet. V. Troglodyte.
Roitelets. 58, 63.
Rollier. 57, 62.
Rongeurs. 23.
Rossignol. V. Rubiettes.
Rotengle. 137, 154.
Rotrouille. V. Rubiette rouge-gorge.
Rouge-gorge. V. Rubiettes.
Rouget. V. Mulle surmulet.
Rougiron. V. Loriot.
Rousserolles. 59, 67.
Roussettes. 120, 122.
Roussigneul. V. Rubiette rossignol.
Rubiettes. 61, 72.
Ruminants. 32.

S

Saint-Martin. V. Buzards.
Salamandres. 117.
Sanderling. 83, 87.
Sanglier. 36, 37.
Sansonnet. V. Étourneau.
Sarcelle. V. Canards.
Sardine. V. Alose.
Sargues. 133, 145, 146.
Sauclet. V. Athérine.
Saumons. 138, 156, 157.
Saurel. 132, 144.
Sauriens. 105.
Saute-motte. V. Traquet motteux.
Savoyarde. V. Hirondelle de chemi-
née.
Scombres. 132, 143.
Scorpènes. 132, 141.
Scymne. V. Liche.
Sébaste. 132, 141.
Sélaciens. 119.
Seps. 106, 107, 108.
Serin. 74, 76.
Serpents. V. Ophidiens.
Serpents de mer. V. Syngnathes.
Serpent de verre. V. Orvet.
Serrans. 132, 142.
Sétau. V. Sole.
Sittelle. 58, 63.
Siphonostomes. 127, 128.
Sizerins. 74, 75.
Soles. 136, 151, 152.
Sonneur. 114, 116.
Souchet. V. Canards.
Souciet. V. Troglodyte.
Souffleur. 39.
Soufie. V. Chevaine.
Soulcie. V. Moineaux.
Souris. 24, 27, 28.
Spatule. 84, 91.
Sphargis. 104.
Squatine. 121, 125.
Stercoraires. 94, 96, 97.
Sternes. 93, 96.
Sturioniens. 126.
Sublet. 134, 147.
Surmulet. V. Mulle.
Surnie. V. Chouette harfang.

Syngnathes. 127, 128.
Syrrhapte. 80, 81.

T

Tadorne. V. Canards.
Tanche. 136, 153.
Tarier. V. Traquets.
Tarin. V. Chardonnerets.
Taupes. 21, 22.
Térin. V. Chardonneret tarin.
Tétras. 80, 81, 82.
Tette-chèvre. V. Engoulevent.
Thalassidromes. 94, 97.
Thons. 132, 143, 144.
Tichodrome. 58, 63.
Tiercelet. V. Faucon commun.
Tisserand. V. Bruant proyer.
Torche-pot. V. Sittelle.
Torcol. 58, 64, 65.
Tord-cou. V. Torcol.
Torpille. 121, 125.
Tortues de marais. 105.
Tortues de mer. 104.
Tortues terrestres. 103, 104.
Tourdelle. V. Grive litorne.
Tournepierre. 83, 87.
Tourterelle. V. Pigeons.
Traîne-buisson. V. Accenteur mou-
chet.
Trait. V. Grive draine.
Traquets. 60, 71.
Tremble. V. Torpille.
Trigles. 131, 141.
Trillerot. V. Loriot.
Tritons. 117, 118.
Troglodyte. V. Anorthure.
Tropidonotes. 109, 110.
Truites. V. Saumons.
Tuit. V. Pouillot véloce.
Turbot. 136, 152.
Turlu. V. Alouette lulu.
Tute. V. Pouillot siffleur.

U

Uranoscope. 130, 138.
Urodèles. 116.

V

Vairon. 137, 153, 154.
Vanneaux. 83, 87.
Vautours. 48, 53.
Verderolle. V. Rousserolles.
Verdier. 75, 77, 78.
Verdri. V. Bruant proyer.
Vespériens. 11, 12, 13.
Vespertilions. 11, 12.
Vieille. V. Labre.
Vigneronne. V. Grive musicienne.

Vipères. 109, 110, 111, 112.
Vison. 14, 18, 20.
Vitrec. V. Traquet motteux.
Vives. 130, 138.

Z

Zaménis. 109, 110, 111.
Zées. 133, 145.
Ziphius. 39.
Zizi. V. Bruants.
Zoarcès. 130, 139.

BIBLIOTHÈQUE NATIONALE R.F. IMPRIMÉS

TABLE DES MATIÈRES

Pages.

Préface. 5
Généralités 7

LES MAMMIFÈRES

	Pages.			Pages.
I. Chéiroptères	10	VI.	Ruminants	32
II. Carnivores	14	VII.	Porcins.	36
III. Insectivores.	21	VIII.	Amphibies	37
IV. Rongeurs.	23	IX.	Cétacés.	38
V. Jumentés.	31			

LES OISEAUX

I. Carnivores	47	V.	Colombins	79
II. Omnivores	54	VI.	Gallinacés	80
III. Insectivores.	57	VII.	Échassiers.	83
IV. Granivores	74	VIII.	Palmipèdes	93

LES REPTILES

I. Chéloniens	103	III.	Ophidiens.	108
II. Sauriens	105			

LES BATRACIENS

I. Anoures	113	II. Urodèles.	116

LES POISSONS

I. Sélaciens	118	V.	Chorignathes	130
II. Sturioniens	126	VI.	Apodes	158
III. Lophobranches	127	VII.	Cyclostomes.	159
IV. Plectognathes.	129	VIII.	Amphioxiens	160

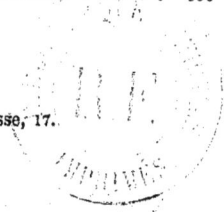

Paris. — Imp. Larousse, rue Montparnasse, 17.

LIBRAIRIE LAROUSSE, 17, RUE MONTPARNASSE, PARIS.

LAROUSSE

DICTIONNAIRE COMPLET

ILLUSTRÉ

1464 Pages.

56400 Mots.

620 Locutions étrangères
(latines, grecques, anglaises, etc.).

35 Tableaux encyclopédiques.

750 Portraits historiques.

36 Pavillons en couleurs.

24 Cartes géographiques.

Liste des Académiciens, Sénateurs et Députés.

2500 Gravures.

Cartonné, **3 fr. 50**. — Relié toile, **3 fr. 90**.
Relié demi-chagrin, **5 fr.**

Le **Dictionnaire Larousse** réalise le type le plus parfait du Dictionnaire manuel.

Beaucoup plus complet et plus intéressant que les ouvrages similaires, il a l'avantage d'être **revisé chaque année** et d'être par conséquent *toujours à jour*.

Envoi franco *au reçu d'un mandat-poste.*

On le trouve aussi chez tous les Libraires de France et de l'Étranger.

LIBRAIRIE LAROUSSE, RUE MONTPARNASSE, 17, PARIS.

BIBLIOTHÈQUE RURALE

ARBORICULTURE PRATIQUE

Par L.-J. TRONCET et E. DELIÈGE

Reproduction. — Formes. — Tailles. — Entre-
tien. — Cueillette et conservation des fruits. —
Treilles. — Poirier. — Pommier. — Cognassier.
— Pêcher. — Abricotier. — Amandier. — Prunier.
— Cerisier. — Figuier. — Oranger. — Olivier. —
Châtaignier. — Noyer. — Framboisier. — Gro-
seillier. — Noisetier. — Néflier.

Ouvrage illustré de 190 gravures,

broché, 2 francs.

Taille trigemme.
Les deux bourgeons in-
férieurs se transfor-
ment en dards et le
supérieur en rameau.

APICULTURE MODERNE

Par A.-L. CLÉMENT

Le rôle des abeilles. — Le mobi-
lisme. — La ruche, les cadres, le
rucher. — Divers types de ruches. —
Conduite du rucher. — Les maladies
et les ennemis des abeilles. — Utilisa-
tion du miel et de la cire.

Cet ouvrage a été couronné
ar la Société nationale d'Agriculture
et honoré de trois médailles d'argent.

3e *édition refondue et augmentée.*

Volume illustré de 130 figures,

broché, 2 fr.

Abeille récoltant le pollen dans une
fleur de coquelicot.
Abeille emportant des pelotes
de pollen.

Envoi franco *au reçu d'un mandat-poste.*

LIBRAIRIE LAROUSSE, rue Montparnasse, 17, PARIS.

BIBLIOTHÈQUE RURALE

LES ENGRAIS AU VILLAGE

Par Henri FAYET

Chef des services techniques au Syndicat central des agriculteurs de France.

Valeur fertilisante des engrais. Leur achat, leur transport, leur emploi. Les syndicats agricoles, leur but, leur perfectionnement.

La question si importante des engrais est traitée ici à un point de vue exclusivement pratique ; cet ouvrage rendra donc de réels services aux agriculteurs soucieux de suivre les progrès de la science agricole et d'augmenter leurs rendements par un emploi rationnel des engrais.

Un volume in-8°, broché : 2 francs.

COMPTABILITÉ AGRICOLE
ET
GUIDE PRATIQUE DE L'ÉPARGNE

Par Henri BARILLOT

Professeur à l'École des hautes études commerciales.

Cet ouvrage comprend deux parties :

1° Comptabilité et administration agricoles. — Prix de revient. — Comptabilité (méthode de l'auteur). Applications en une monographie complète (une année d'écritures).

2° Guide pratique de l'épargne. — Étude des valeurs. — Opérations de bourse au comptant. — Guide du rentier. — Les ennemis de l'épargne.

Un volume in-8°, broché : 2 francs.

Envoi franco au reçu d'un mandat-poste.

LIBRAIRIE LAROUSSE, rue Montparnasse, 17, PARIS.

BIBLIOTHÈQUE RURALE

LE JARDIN POTAGER

Par L.-J. TRONCET

Établissement d'un potager. — Travaux préparatoires. — Travaux courants de jardinage. — Culture naturelle et culture forcée des légumes de France. — 390 variétés. — Soins particuliers. — Récolte et conservation. — Porte-graines. — Ennemis et maladies.

Volume illustré de 190 gravures en noir et en couleurs,

broché : 2 francs.

Chou de Bruxelles demi-nain.

LE JARDIN D'AGRÉMENT

Par L.-J. TRONCET

Établissement d'un jardin d'agrément. — Travaux préparatoires. — Travaux courants de jardinage. — Corbeilles. — Parterres. — Plates-bandes. — Mosaïculture. — Gazons. — Ennemis des fleurs. — Description et culture des fleurs et arbustes de nos jardins. — 750 espèces. — Calendrier des semis et plantations.

Volume illustré de 150 gravures en noir et en couleurs, broché : 2 francs.

Capucine grande, variété Tom Pouce.

Envoi franco au reçu d'un mandat-poste.

Bibliothèque Rurale

www.ingramcontent.com/pod-product-compliance
Lightning Source LLC
Chambersburg PA
CBHW050111210326
41519CB00015BA/3923